中国市级现代农业发展总体规划范例
——以四川省泸州市为例

◎ 姜文来 罗其友 信 军 刘 洋 等／著

U0348951

中国农业科学技术出版社

图书在版编目（CIP）数据

中国市级现代农业发展总体规划范例：以四川省泸州市为例／姜文来等著.—
北京：中国农业科学技术出版社，2017.11
　　ISBN 978-7-5116-3335-4

　　Ⅰ.①中…　Ⅱ.①姜…　Ⅲ.①现代农业–总体规划–研究–泸州　Ⅳ.①F327.713

中国版本图书馆 CIP 数据核字（2017）第 267669 号

责任编辑	王更新
责任校对	贾海霞

出　版　者	中国农业科学技术出版社
	北京市中关村南大街 12 号　邮编：100081
电　　　话	（010）82106639（编辑室）　　（010）82109702（发行部）
	（010）82109709（读者服务部）
传　　　真	（010）82106631
网　　　址	http://www.castp.cn
经　销　者	各地新华书店
印　刷　者	北京富泰印刷有限责任公司
开　　　本	710mm×1 000mm　1/16
印　　　张	9.75　彩插　34 面
字　　　数	189 千字
版　　　次	2017 年 11 月第 1 版　2017 年 11 月第 1 次印刷
定　　　价	78.00 元

作者名单

(按照姓氏笔画为序)

王秀芬　王　栋　尤　飞　叶自行　毕金峰
伊热鼓　王　向　雁　庄云飞　刘建玲　刘　洋
孙　娟　李　娟　辛　玲　张涵宇　陈明文
罗其友　郑　末　屈宝香　胡宗达　胡桂兵
信　军　姜文来　高　鹤　浦　华　曹经晔
彭建平　韩晶晶　谢秋燕

泸州市现代农业发展规划
编制协调领导小组名单

一、协调领导小组

组　长：李晓宇　市委常委 市委农工委主任
副组长：张文军　市政府副市长
成　员：康　江　市政府副秘书长
　　　　龚百川　市委农工委正县级副主任
　　　　雷文彩　市发改委副主任
　　　　曾发海　市经信委副主任
　　　　张兴友　市农业局局长
　　　　余泽华　市林业局局长
　　　　周洪华　市水务局局长
　　　　李小平　市畜牧局局长
　　　　陈晓荣　市农机局局长
　　　　罗永平　市供销社主任
　　　　兰　均　市交通运输局副局长
　　　　徐　宏　市粮食局副局长
　　　　牟光彬　市扶贫移民局副局长
　　　　蒋　胜　市烟草公司副经理
　　　　郭　瑀　市财政局党组成员、市农发办主任
　　　　周学红　市住房城乡规划建设局副局长
　　　　江勇强　市国土资源局副局长
　　　　何　锋　市科技局副局长
　　　　崔　斌　市商务局副局长
　　　　赵晓琼　市环保局机关党委书记
　　　　谢先海　市外侨旅游局副局长
　　　　周家德　市气象局副局长
　　　　张旭光　江阳区委副书记

叶长青　龙马潭区委常委、副区长

陈小平　纳溪区副区长

杜作文　泸县副县长

李　宏　合江县委副书记

江　滨　叙永县委常委、纪委书记

刘泽军　古蔺县副县长

二、领导小组办公室和工作推进小组

（一）领导小组办公室设在市委农工委，龚百川同志兼任办公室主任，李华桂同志兼任办公室副主任，具体抓好规划编制的组织协调工作。

（二）工作推进小组

组　　长：龚百川　市委农工委正县级副主任

副组长：李华桂　市委农工委副主任

　　　　雷文彩　市发改委副主任

　　　　陈　超　市农业局副局长

　　　　李秋霖　市林业局副局长

　　　　郭杰贤　市水务局副局长

　　　　傅浩然　市畜牧局副局长

　　　　王宏一　市农机局副局长

　　　　牟光彬　市扶贫移民局副局长

　　　　蒋　胜　市烟草公司副经理

成　　员：周　刚　市委农工委产业化处处长

　　　　陈远权　市发改委农经科科长

　　　　胡支亮　市经信委食品加工企业科长

　　　　贺光伦　市农业局办公室副主任

　　　　沈光才　市林业局产业办主任

　　　　顾亚利　市水务局规划科副科长

　　　　刘云富　市畜牧局生产科科长

　　　　张承刚　市农机局办公室主任

　　　　高忠丽　市粮食局产业科科长

　　　　刘传赋　市供销社业务科科长

　　　　杨　菊　市扶贫移民局科员

　　　　张远盖　市烟草公司生产科副科长

　　　　张　力　市住房城乡规划建设局村镇科科长

　　　　袁浩涛　市交通运输局工程师

陈　杰　市国土资源局副科长
王国亮　市科技局农村科科长
刘　奇　市商务局科长
赵　亮　市环保局农村生态科科长
李中华　市外侨旅游局发展科科长
赖自力　市气象局服务中心副主任
朱蔺坚　江阳区委农工办主任
刘莉梅　龙马潭区委农工办主任
雍　涛　纳溪区委农工办主任
艾文平　泸县委农工办主任
王治明　合江县委农工办主任
陈祖洪　叙永县委农工办主任
罗承刚　古蔺县委农工办主任
李支勇　市委农工委综合处处长
贺　芳　市委农工委新农村建设处处长
牟树军　市委农工委农村体制改革处处长
潘成菊　市委农工委农村经济发展处处长
张　丽　市委农工委产业化处科员

泸州市现代农业发展规划
编制工作组名单

领导组

王道龙　中国农业科学院农业资源与农业区划研究所　所长
陈金强　中国农业科学院农业资源与农业区划研究所　党委书记
信　军　中国农业科学院农业资源与农业区划研究所　副主任
罗其友　中国农业科学院农业资源与农业区划研究所　研究员/主任
姜文来　中国农业科学院农业资源与农业区划研究所　研究员/副主任

技术组

组　长：罗其友　中国农业科学院农业资源与农业区划研究所　研究员/博士生导师

姜文来　中国农业科学院农业资源与农业区划研究所　研究员/博士生导师

信　军　中国农业科学院农业资源与农业区划研究所　高级农艺师/副主任

成　员：刘建玲　中国农垦经济发展中心（农业部南亚热带作物中心）副研究员/处长　林果专项组组长

胡宗达　四川农业大学资源学院　副教授/博士　林竹专项组长

屈宝香　中国农业科学院农业资源与农业区划研究所　研究员/博士　旅游休闲专项组组长

浦　华　中国农业科学院北京畜牧兽医研究所　副研/博士　养殖专项组组长

毕金峰　中国农业科学院农产品加工研究所　研究员　加工物流专项组组长

庄云飞　中国农业科学院蔬菜花卉研究所　副研究员/博士　蔬菜专项组组长

李　娟　中国农业科学院农业资源与农业区划研究所　特色经作专项组组长

尤　飞　中国农业科学院农业资源与农业区划研究所　副研究员/博士

王秀芬　中国农业科学院农业资源与农业区划研究所　副研究员/博士

刘　洋　中国农业科学院农业资源与农业区划研究所　助研/博士

吴永成　四川农业大学农学院　教授

曹经晔　中国水产科学院长江所　研究员/所长

易建勇　中国农业科学院农产品加工研究所　助理研究员

王　栋　中国农业科学院北京畜牧兽医研究所　研究员/博士

孙　娟　中国农垦经济发展中心（农业部南亚热带作物中心）副研究员/副处长

陈明文　中国农垦经济发展中心（农业部南亚热带作物中心）博士

胡桂兵　华南农业大学园艺学院　副院长/教授

叶自行　华南农业大学园艺学院　教授

彭建平　福建省莆田市农业科学研究所　研究员/所长

向　雁　中国农业科学院农业资源与农业区划研究所　硕士

辛　玲　中国农业科学院农业经济与发展研究所　副研究员/博士

郑钊光　中国农业科学院农业资源与农业区划研究所　助研

高　鹤　中国农业科学院农产品加工研究所　研究生

伊热鼓　中国农业科学院农业资源与农业区划研究所　硕士研究生

张涵宇　中国农业科学院农业资源与农业区划研究所　硕士研究生

韩晶晶　中国农业科学院农业资源与农业区划研究所　研究助理

郑　末　中国农业科学院农业资源与农业区划研究所　研究助理

谢秋燕　中国农业科学院农业资源与农业区划研究所　研究助理

前　　言

泸州市位于我国西南川滇黔渝接合部，是国家历史文化名城。泸州发展现代农业具有得天独厚的优势：（1）特色农业资源丰富，泸州地貌复杂多样，立体性气候明显，是全球荔枝、龙眼最晚熟和最北缘产区，也是全球同纬度最早茶叶产区，泸州的丫杈猪、马羊、林下乌骨鸡、赶黄草、石斛等资源也独具特色；（2）水陆空立体交通网络相对完善，泸州拥有国家二类水运口岸泸州港，高速公路与滇、黔、渝三省市互联互通，铁路直达泸州港，空港是四川乃至中国西部重要的骨干支线机场，国际航线即将开通；（3）现代农业发展基础扎实，畜牧、优质稻、高粱、果蔬、林竹、烤烟等主导产业优势明显，国家柑橘、荔枝龙眼产业技术体系在泸州均设有综合试验站；（4）酒城名冠天下，品牌优势明显，泸州地处中国白酒金三角核心腹地，"泸州老窖"和"郎酒"驰名中外，是闻名遐迩的"中国酒城"，泸州长江大地蔬菜、赤水河甜橙、泸州桂圆、合江荔枝、纳溪特早茶、泸州赶黄草等多个品牌有一定影响力。为了从战略、战术上协同推进泸州现代农业跨越式发展，更好地做好泸州现代农业顶层设计，泸州市委市政府委托中国农业科学院（农业资源与农业区划研究所）编制《泸州市现代农业发展规划（2014—2025）》（以下简称《规划》）。

《规划》从全球、全国、全产业链等多角度审视泸州市发展现代农业的机遇与挑战，从战略和战术两个层面系统设计了泸州市现代农业建设的"1842"蓝图："1"是指以"绿色、低碳、循环"发展理念为统领，以基地、园区为载体，以落地项目为抓手，创立"一个山地现代农业样板"；"8"是指做大、做强、做精、做响、做绿和做特精品果业，高效竹产业，特色蔬菜业，特色经作产业，现代养殖业，优质粮食产业，休闲农业和加工业物流"八大产业"。"4"是指打造我国西南一流中国领先的特色优质农产品供给基地、长江上游优质农产品加工物流基地、西南山区农业绿色发展示范基地和新型多功能农业创新发展基地"四张名片"。"2"是指统筹实施"一批重点项目"和"一套政策措施"。

2014年11月24日，泸州市人民政府组织国务院发展研究中心、重庆农业科学院、西南大学、四川农业大学、泸州市农业局的专家对《规划》进行评审，专家组认为："《规划》对加快推进泸州市、四川省乃至全国山地特色现代农业建设具有重要指导意义。《规划》发挥多学科优势，思路清晰，重点突出，科学性和操作性兼备，是一个高水平的《规划》，一致同意《规划》通过评审"。2015年3月27日，市委副书记、市长刘强主持召开市第七届人民政府第53次常务会议，审议并通过了市委农工委提交的《泸州市现代农业发展规划》。

在《规划》编制过程中，得到泸州市委市政府有关部门、区（县）和专合组织大力支持，《规划》是以中国农业科学院为主体的科研院所与泸州地方密切合作的产物，是集体智慧的结晶。在此编制组向在《规划》编制过程中提供帮助的组织及个人表示衷心感谢！

本书以泸州市为例，在综合精品果业、高效竹产业、特色蔬菜业、特色经作产业、现代养殖业、优质粮食产业、休闲农业和加工业物流等专题研究成果基础上提炼而成的现代农业发展总体规划，为地市级现代农业总体规划提供一个范例。

《规划》编制组

二零一七年八月

目　　录

第一章　规划背景与意义 ……………………………………（1）

　一、规划背景 ………………………………………………（1）

　二、规划意义 ………………………………………………（2）

　三、规划编制主要依据 ……………………………………（3）

　四、规划范围 ………………………………………………（4）

　五、规划期限 ………………………………………………（4）

第二章　发展条件分析 ………………………………………（5）

　一、区位交通条件 …………………………………………（5）

　二、自然资源条件 …………………………………………（6）

　三、社会经济条件 …………………………………………（10）

　四、农业农村经济发展条件 ………………………………（10）

　五、泸州现代农业发展 SWOT 分析 ……………………（13）

第三章　主导产业选择 ………………………………………（18）

　一、选择原则 ………………………………………………（18）

　二、选择方法 ………………………………………………（18）

　三、产业竞争优势分析 ……………………………………（19）

　四、主导产品市场前景分析 ………………………………（22）

　五、主导产业确立 …………………………………………（27）

第四章　总体战略 ……………………………………………（29）

　一、发展定位 ………………………………………………（29）

　二、总体思路 ………………………………………………（30）

　三、基本原则 ………………………………………………（30）

　四、总体布局 ………………………………………………（31）

　五、发展目标 ………………………………………………（32）

第五章　主要任务 ……………………………………………（35）

　一、构建特色农业产业体系，做特现代农业 ……………（35）

　二、建设完备的物质装备体系，做实现代农业 …………（35）

　三、完善农业科技支撑体系，做精现代农业 ……………（36）

四、构建现代循环农业生产体系，做绿现代农业 ……………… （36）

五、构建农产品加工物流体系，做强现代农业 ……………… （37）

六、打造农产品品牌体系，做响现代农业 ………………… （37）

第六章　重点产业建设规划 ………………………………… （38）

一、精品果业 ………………………………………………… （38）

二、高效林竹产业 …………………………………………… （48）

三、绿色蔬菜产业 …………………………………………… （56）

四、特色经作产业 …………………………………………… （65）

五、优质粮食产业 …………………………………………… （72）

六、现代养殖产业 …………………………………………… （77）

七、休闲农业 ………………………………………………… （93）

八、加工物流产业 …………………………………………… （102）

九、进度安排 ………………………………………………… （111）

第七章　投资估算与效益分析 ……………………………… （113）

一、投资估算 ………………………………………………… （113）

二、效益分析 ………………………………………………… （114）

第八章　保障措施 …………………………………………… （116）

一、健全组织管理 …………………………………………… （116）

二、加大资金投入 …………………………………………… （116）

三、创新发展机制 …………………………………………… （117）

四、推动产业化运作 ………………………………………… （118）

五、加强市场推广 …………………………………………… （119）

六、强化科技支撑 …………………………………………… （119）

七、保护资源环境 …………………………………………… （120）

附表 1　泸州市各区（县）现代农业建设重点项目 ………… （121）

附表 2　泸州市现代农业潜在合作企业基本信息 …………… （142）

第一章　规划背景与意义

一、规划背景

加快发展现代农业，既是转变经济发展方式、全面建设小康社会的重要内容，也是提高农业综合生产能力、增加农民收入、建设社会主义新农村的必然要求。党中央国务院高度重视现代农业建设，近 10 年的中央 1 号文件中，都不同程度地论及现代农业。2013 年中央 1 号文件进一步明确提出加快发展现代农业，增强农村发展活力；2014 年中央 1 号文件再次锁定"农业现代化"话题，提出《关于全面深化农村改革加快推进农业现代化的若干意见》，为我国现代农业的持续健康发展指明了方向。

2014 年 9 月 25 日，国务院发布的《关于依托黄金水道推动长江经济带发展的指导意见》提出：提升现代农业和特色农业发展水平，推进农产品主产区特别是农业优势产业带和特色产业带建设，建设一批高水平现代农业示范区，推进国家有机食品生产基地建设，着力打造现代农业发展先行区。上游地区大力发展以草食畜牧业为代表的特色生态农业和以自然生态区、少数民族地区为代表的休闲农业与乡村旅游。这为泸州现代农业的发展提供了政策支撑。

四川省政府为贯彻落实《国务院关于印发全国现代农业发展规划（2011—2015 年）的通知》精神和省第十次党代会关于加快推进农业现代化的决策部署，提出了《关于加快发展现代农业的意见》（川府发〔2012〕32 号），为大力发展现代农业提供了方向。

泸州市政府积极推动现代农业发展。2012 年 10 月，泸州市政府发布了《关于加快发展现代农业的实施意见》，提出立足现有产业基础和自然生态特点，明确产业重点，按照统筹规划、分步实施、连片集中的原则，加快形成"两区五带"，即泸县优质稻生产示范区、合江县优质稻生产示范区和赤水河流域鲜食精品柑橘产业带、长江大地蔬菜产业带、长沱两江沿岸荔枝龙眼产业带、酿酒专用高粱产业带，古叙马铃薯产业带的特色效益农业产业带，实施农产品品牌战略，以农业产业化推动农业现代化。2013 年 5 月泸州市委市政府发布了《关于着力六个突破、力争四年翻番的决定》，将发展现代农业作为"九大产业"之一，进一步强调了发展现代农业的迫切性。

为了加快泸州现代农业跨越式发展，做好泸州现代农业顶层设计，泸州市委市政府高度重视《规划》编制工作，委托中国农业科学院编制《泸州市现代农业发展规划》。

二、规划意义

（一）打造川滇黔渝接合部中心城市的需要

泸州地处四川盆地南缘，扼长江、沱江咽喉，控川滇黔渝要冲，是川滇黔渝四省（市）交会处的一颗明珠，是成渝经济区中间地带的重要城市，是长江上游重要的港口城市。凭借优越的地理位置和良好的软硬环境，近年来泸州工业经济实现了跨越式发展，成为拉动全市经济发展的主要动力，使泸州具备了建设川滇黔渝结合部区域性中心城市和长江经济带重要节点城市的优势。加快泸州现代农业建设步伐，壮大现代农业经济，补齐现代农业短板，有利于提升泸州在川滇黔渝四省（市）的竞争力、辐射力、影响力，为打造川滇黔渝接合部中心城市提供坚实的基础。

（二）泸州市全面现代化建设的需要

农业是经济和社会发展的基础。泸州农业虽然发展势头较好，取得了很大成就，但从总体来看，泸州农业发展总体水平不高，与农业强市的差距较大，在工业化、城镇化、信息化深入发展过程中同步推进农业现代化，是泸州一项重大的战略任务。当前，泸州正处于推进"两化"互动、"四化"联动的加速期，只有加快发展现代农业，才能更好地为推进新型工业化、新型城镇化提供支撑保障，构建城乡一体化发展新格局，农业现代化是泸州市全面实现现代化的迫切需要。

（三）推进泸州现代农业健康发展的需要

目前，泸州已完成或正在编制现代服务业规划、临港产业物流规划、化工园区规划等多个产业规划。农业是泸州现代产业体系中重要的基础产业，但缺乏统筹规划和顶层设计作为引领。通过编制现代农业发展规划，科学定位泸州现代农业发展方向，确立发展思路、目标、发展任务和建设重点，不仅能促进农民增收，增强农业可持续发展能力，而且为泸州现代农业健康发展提供科学指南。

（四）推动泸州农业转型升级的需要

规划立足于泸州资源优势和特色产业，通过科学谋划和合理布局，推进农业产业结构调整，发展绿色循环、环境友好型产业，推动农业主导产业发展由主要追求数量扩张向注重品质效益转变，由小规模分散经营向规模化、集约化、产业化经营转变，由主要依靠物质资源投入向依靠科技进步、劳动者素质提高和管理创新转变，实现泸州农业转型升级。《规划》的编制和实施，有利于提高农业资源的利用率、土地产出率和劳动生产率，有利于促进传统农业生产方式向高产、优质、高效、生态、安全的现代农业生产方式转变，有利于泸州农业转型升级和农业现代化进程的加快。

（五）拓展农业新功能的需要

现代农业不仅具有食物生产、原料供给功能，还具有生态保护、观光休闲、文化传承等多种功能。开发农业多功能，大力发展农业观光、休闲、旅游等新型农业产业形态，是深度挖掘农业资源潜力、调整农业结构、改善农业环境、建设美丽乡村和增加农民收入的新途径，是泸州现代农业建设的重要内容。

三、规划编制主要依据

（1）中共中央、国务院关于全面深化农村改革加快推进农业现代化的若干意见

（2）全国现代农业发展规划（2011—2015 年）

（3）全国优势农产品区域布局规划（2008—2015 年）

（4）特色农产品区域布局规划（2013—2020 年）

（5）国家粮食安全中长期规划纲要（2008—2020 年）

（6）国务院关于依托黄金水道推动长江经济带发展的指导意见

（7）四川省新增 100 亿斤粮食生产能力建设规划纲要（2009—2020 年）

（8）成渝经济区区域规划

（9）国务院办公厅关于统筹推进新一轮"菜篮子"工程建设的意见

（10）四川省"十二五"农业和农村经济发展规划

（11）四川省《关于加快发展现代农业的意见》（川府发〔2012〕32 号）

（12）四川省"十二五"林业发展规划

（13）四川省畜牧发展"十二五"规划

（14）四川省泸州市人民政府关于加快发展现代农业的实施意见

（15）泸州市委、市政府《关于着力六个突破、力争四年翻番的决定》
（16）泸州市畜牧业发展"十二五"规划（2011—2015 年）
（17）泸州市土地利用总体规划（2006—2020 年）

四、规划范围

《规划》范围为泸州市整个行政区域范围，地理坐标介于东经 105°08′～106°28′，北纬 27°39′～29°20′，南北长 181.84 千米，东西宽 121.64 千米，总面积 12 236.2平方千米，包括江阳区、龙马潭区、纳溪区、泸县、合江县、叙永县、古蔺县。

五、规划期限

规划期限为 2014—2025 年，分近期（2014—2016 年）、中期（2017—2020 年）和远期（2021—2025 年）。

第二章　发展条件分析

一、区位交通条件

（一）地理位置

泸州市位于四川盆地南缘，川滇黔渝四省市接合部，地理上控扼"两江两河"，即长江、沱江、赤水河、永宁河，战略地位突出，素有"西南要会""锁钥三省""巴蜀门户"之称。泸州市东邻重庆市，南接贵州省、云南省，西连四川省宜宾市，北接四川省自贡市、内江市，具有独特的区位优势。

（二）交通条件

泸州为长江经济带重要区域性综合交通枢纽，川滇黔航运物流中心，是川南地区唯一的国家二级物流园区布局城市，是西南公路出海大通道枢纽之一。全市公路通车总里程达 13 261 千米，公路密度 108.4 千米/百平方千米，公路通乡镇率 100%。厦蓉（G76）、成遵（G4215，即成自泸赤）、成渝环线（G93）三条高速公路贯穿全境。隆泸铁路连接国家网成渝线，货物直达全国各地。蓝田机场为四川省第三大航空港，迁建的云龙机场正加快建设。境内长江、沱江、赤水河等江河水系纵横，水运与华东、华南相连，通江达海，泸州港是四川及滇东北、黔北地区江海联运枢纽港，是全国 28 个内河主要港口和国家二类水运口岸，是四川第一大港口和集装箱码头。目前，泸州交通已形成以长江黄金水道为主体，"一环六射"高速公路和 G321、S307、S308、S309 等国道、省道公路为骨架、南北运输以铁路和 321 线国道省道为主轴，东西运输以长江干流和泸永、泸宜公路为主动脉的集公路、铁路、水运、航空联合运输的立体交通体系。

二、自然资源条件

（一）地质地貌

泸州市处于川东南平行褶皱岭谷区南端与大娄山的复合部、四川盆地与云贵高原过渡带，兼有盆中丘陵和盆周山地的地貌，全市由北向南为丘陵、低山、低中山地貌，总趋势南高北低，以长江为侵蚀基准面，最低点合江县九层岩处海拔为 203 米，最高点叙永县罗汉林海拔为 1 903 米，二者相对高差 1 700 米。按其特点，全市地貌大体上可分为四种类型（图 2-1）。

北部浅丘宽谷区：包括泸县、龙马潭区、江阳区和合江县的一部分，面积为 2 278 平方千米，占全市总幅员 18.6%。该区海拔多在 250~400 米，浅丘宽谷多为耕地，为境内主要农业区。

中部丘陵低山区：包括长江以南、南部山区以北的纳溪、合江、江阳区的一部分和古蔺、叙永北部，面积为 5 082 平方千米，占全市总幅员的 41.5%。该区海拔多在 500~1 000 米，以林地为主，境内有合江县福宝林区和古蔺县黄荆林区两大原始森林。丘陵以耕地为主，其次为果园和茶园。

南部低中山区：包括古蔺、叙永大部分，面积为 4 727 平方千米，占全市总幅员的 38.6%，海拔多在 1 000 米以上。山区以林地、旱地和园地（茶园）为主，槽坝地势平坦，以耕地为主。

沿江河谷地区：沿沱江、长江等大中河流的两岸，面积 159 平方千米，占全市总幅员的 1.3%。海拔多在 250 米以下，以耕地为主，其次为园地，为境内蔬菜、甘蔗、荔枝、龙眼等集中产区。

（二）气候特征

泸州市属亚热带湿润气候区，南部山区立体气候明显。气温较高，日照充足，水量充沛，四季分明，无霜期长，温、光、水同季，季风气候明显，春秋季暖和，夏季炎热，冬季不太冷。

泸州市热量资源丰富，年平均气温 17.6~18.2℃，比同纬度的长沙、武汉、南昌、杭州等市高 0.8~1.8℃。无霜期长达 300~358 天，降雪甚少，个别年份终年无霜雪，适宜作物生长。受地形影响，南北热量有较大差异：北部海拔 400米以下浅丘宽谷区，热量与两广相近，属准南亚热带气候；中部中丘低山区，热量与长江中上游近似，属中亚热带气候；南部低中山区，为北亚热带、暖温带与温带气候。

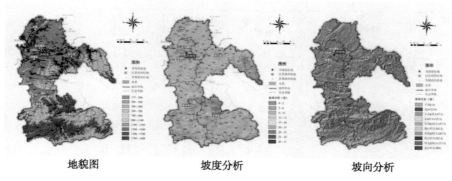

| 地貌图 | 坡度分析 | 坡向分析 |

图 2-1 泸州市地貌

泸州市多年平均降水量 1 133 毫米。长江沿岸丘陵区 1 050~1 200 毫米，叙永震东至古蔺箭竹坪一带和合江县大小漕河上游两个多雨中心达 1 200~1 400 毫米。沿赤水河上游和古蔺河等背风河谷地带降水量较小，其低值中心仅 750 毫米左右。降雨年内时空分布极不均匀，70%~80%集中在 5—10 月。受四川盆地地形影响，夏季多雷雨，冬季多为连绵阴雨天气，多轻雾天气，全年少有大风，多为 0~2 米/秒的微风。

受盆地影响，泸州雨日、雾日较多，日照时数和太阳辐射量均处于全国低值中心附近。年日照时数 1 173~1 424 小时，日照百分率 27%~32%，低于同纬度川西南和长江中下游地区；年均太阳辐射总量 82.1~91.9 千卡/平方厘米。全年日照时数和太阳辐射集中在 5—9 月，占全年 56.8%~62.7%，与热量、降水量同步，对农业生产有利。泸州市气象要素多年平均值如表 2-1 所示。

表 2-1 泸州市气象要素多年平均值

月份	日平均气温（℃）	日较差（℃）	平均风速（米/秒）	平均相对湿度（%）	［降水量］（毫米）	［日照时数］（小时）	［潜在蒸散量］（毫米）	［≥0℃积温］（℃）	［≥10℃积温］（℃）
1	7.7	4.3	1.3	85.4	26.3	39.5	29.1	237.8	70.4
2	9.3	4.9	1.3	83.3	29.0	45.0	35.7	261.6	141.6
3	13.7	6.4	1.6	79.1	36.7	90.1	63.6	423.2	379.9
4	18.6	7.6	1.7	77.3	71.5	122.0	88.8	556.8	553.7
5	22.0	7.6	1.7	79.1	143.5	125.8	103.5	683.2	683.2
6	24.2	7.2	1.6	82.7	165.6	117.6	103.7	726.4	726.4
7	26.9	8.0	1.7	81.6	188.4	187.1	130.2	834.0	834.0
8	27.1	8.4	1.7	79.1	175.3	203.4	131.2	839.2	839.2

（续表）

月份	日平均气温（℃）	日较差（℃）	平均风速（米/秒）	平均相对湿度（%）	[降水量]（毫米）	[日照时数]（小时）	[潜在蒸散量]（毫米）	[≥0℃积温]（℃）	[≥10℃积温]（℃）
9	22.7	6.3	1.6	84.2	135.1	102.0	81.8	680.2	680.2
10	18.1	5.0	1.3	87.3	84.4	57.6	52.6	559.8	555.9
11	13.7	4.7	1.3	85.9	49.2	51.5	36.7	409.8	346.1
12	9.2	4.0	1.2	86.4	27.8	37.0	27.4	282.2	116.9
年平均	17.8	6.2	1.5	82.6	1 132.9	1 178.8	884.4	6 497.0	5 964.2

注：① [ ] 为年或月累计值；②为1961—2010年平均值

（三）水资源条件

泸州市境内河流众多，流域面积在50平方千米以上河流96条，均属长江水系，以长江为主干，成树枝状分布，由南向北或由北向南汇入长江。长江干流在宜宾市江安县经纳溪区大渡口流入泸州市境内，于合江县九层岩出境，在市境北部自西向东流经纳溪区、江阳区、龙马潭区、泸县和合江县。市境内干流河道长133千米，多年平均入境水量2 424亿立方米，多年平均出境水量2 693亿立方米。泸州市多年平均水资源总量为60.59亿立方米，占四川省地表水资源量的2.4%，相应径流深为494.9毫米。年径流深地区分布不均，在永宁河上游地区、大同河中下游和东部的塘河偏高，东南部的古蔺河和北部的沱江偏低，径流深低值中心出现在古蔺赤水河谷；径流年内分配不均，主要集中在5—10月，径流占年径流量的67%~87%。多年平均年地下水资源量为13.13亿立方米（全部为重复量），占四川省地下水资源量的2.1%。总体而言，泸州市水资源量较丰富，但水资源开发利用率只有14.56%，开发利用潜力较大。

（四）土壤条件

泸州境内土壤分为水稻土、冲积土、紫色土、黄壤、黑色石灰土、黄棕壤等6个土类、11个亚类、32个土属和89个土种。其中，水稻土主要分布于海拔300~1 400米的河谷阶地、丘陵和山区，占全市耕地面积的67.1%；紫色土主要分布于全市丘陵区和海拔800米以下低山地带，占全市耕地面积的17.2%；黄壤主要分布于海拔500~1 500米的深丘及低、中山区范围内，以叙永、古蔺面积最大，为烤烟和茶叶生产的优质土壤，占全市耕地面积的10.6%；石灰土主要分布于南部盆周山地低山槽谷灰岩地区，占全市耕地面积的4.3%；新积土主要分布于长沱江、永宁河及赤水河沿岸，占全市耕地面积的0.8%；黄棕壤主要分布于盆周海拔1 500米以上的中山地区，系森林草地土壤，非农耕土壤，不计入耕地面积。

（五）动植物条件

　　泸州市林地面积 628.2 万亩，活立木蓄积总量 810.8 万立方米。境内有高等植物 520 科、813 属、5 950 种，其中，有国家一级保护植物 6 种，二级保护植物 24 种，如一级保护植物珙桐、南方红豆杉、水松等。有野生脊椎动物 32 目、82 科、303 种，其中，有国家一级保护动物 5 种，二级保护动物 36 种，如一级保护动物豹、云豹、中华鲟等。有鸟类资源 14 目、46 科、344 种，其中，国家重点保护鸟类 42 种，省重点保护 20 种。另外还有昆虫 13 目、44 科、181 种。

　　植被属亚热带常绿阔叶林区，属盆周南部低中山植被区，植被类型随海拔的变化呈明显的垂直分布带。由于相对高差较大，森林植被复杂多样，又因人为活动频繁，原始植被大多遭到破坏。主要用材树（竹）种有杉木、柳杉、水杉、马尾松、柏木、桢楠、香樟、桤木、桉树、慈竹等，经济林树种有柑橘类、梨桃类、茶、枣、核桃、油桐、板栗、棕树、黄柏、厚朴、茶树、杜仲、猕猴桃等。

（六）土地利用现状

　　泸州市国土面积 12 236.2 平方千米。其中，耕地面积 316.16 万亩，人均耕地面积 0.74 亩，占总面积的 17.2%，主要分布于古蔺、叙永、泸县、合江四县；园地面积 71.26 万亩，占总面积的 3.9%，主要分布在合江县、纳溪和泸县；林地面积 704.15 万亩，占总面积的 38.4%，集中分布于叙永、古蔺、合江县境内；草地 1.98 万亩，占总面积的 0.1%，尤以古蔺分布最多；设施农业用地 8.25 万亩，占总面积的 0.4%；其他土地 733.62 万亩，占总面积的 40.0%（图 2-2）。

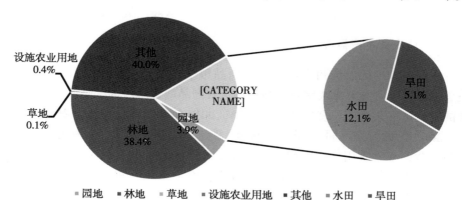

图 2-2　泸州市土地利用情况

三、社会经济条件

泸州市辖 7 个区（县），128 个乡镇，23 个街道办事处。2013 年户籍登记总人口为 508.42 万人，年末常住人口 424.58 万人，其中，城镇常住人口 183.8 万人，乡村常住人口 240.78 万人。2013 年全市人口城镇化率 43.29%。

全市生产总值（GDP）1 140.48 亿元，按可比价格计算，比上年增长 11.2%。其中，第一产业增加值 155.60 亿元，增长 4.3%；第二产业增加值 684.37 亿元，增长 12.3%；第三产业增加值 300.51 亿元，增长 12.0%。三次产业对经济增长的贡献率分别为 4.8%、67.3% 和 27.9%。三次产业结构为 13.6：60.0：26.4。规模以上工业增加值 461.3 亿元，增长 18%；社会消费品零售总额 411.94 亿元，增长 14.9%；地方公共财政预算收入 109.6 亿元，同比增长 32.4%。经济的增长使群众生活质量逐步提高，城镇居民人均可支配收入 22 821 元，增长 10%；农村居民人均纯收入 8 455 元，增长 13.3%。

四、农业农村经济发展条件

2013 年泸州市农林牧渔业总产值 251.96 亿元，比上年增长 4.4%，其中，农业总产值 133.81 亿元，林业产值 9.14 亿元，牧业产值 96.47 亿元，渔业产值 9 亿元。农业产业结构进一步优化，畜牧业比重较"十一五"末提高 2 个百分点。全市乡村劳动力资源数 271 万人，其中农业从业人员 126 万人。

（一）农业生产概况

农业基础牢固。泸州是全国大型商品粮生产基地，是全国水稻、柑橘、荔枝、龙眼、生猪等多个大宗农产品和特色农产品的优势产区，是四川省生猪和肉牛的主产区（表 2-2、表 2-3、图 2-3）。2013 年泸州粮食播种面积 550.05 万亩（15 亩＝1 公顷。全书同），产量 198.07 万吨；油料面积 35.85 万亩，产量 4.27 万吨；蔬菜（含菜用瓜）面积 91.65 万亩，产量 184.92 万吨；果园面积 158 万亩，产量 40 万吨；生猪出栏 367.24 万头，肉牛出栏 6.96 万头，羊出栏 43.96 万头，肉类总产量 33.32 万吨，家禽出笼 3 418.9 万只，禽蛋总产量 4.13 万吨；水产品总产量 6.90 万吨。规划区粮食、高粱、马铃薯、烤烟、荔枝、龙眼、猪肉等农产品人均占有量远高于四川省和全国平均水平。

表 2-2 规划区优势农产品

规划区	优势农产品	
	大宗农产品	特色农产品
江阳区	水稻、柑橘、蔬菜	高粱、辣椒、龙眼
纳溪区	水稻、柑橘	高粱、绿茶
龙马潭区		高粱、龙眼
泸县	水稻、柑橘、生猪	高粱、黄鳝、龙眼
合江县	水稻、马铃薯、柑橘、生猪、蔬菜	高粱、荔枝、真龙柚、长吻鮠
叙永县	水稻、马铃薯、柑橘、肉牛	绿茶、中药材
古蔺县	水稻、马铃薯、柑橘、生猪、肉牛	高粱、绿茶、天麻、杜仲

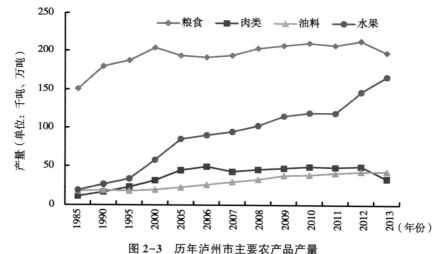

图 2-3 历年泸州市主要农产品产量

注：粮食、肉类单位为万吨，油料、水果单位为千吨

表 2-3 2013 年泸州市与四川省、全国主要农产品人均占有量比较

（单位：千克）

地区	粮食	水稻	高粱	马铃薯	烟叶	荔枝	龙眼	肉类	猪肉
泸州	466.5	279.4	40.8	39.1	4.8	3.4	4.2	78.5	60.7
四川	417.8	191.1	4.8	34.7	2.5	0.2	0.3	85.2	56.0
全国	442.4	149.6	2.1	14.1	2.3	1.5	1.1	62.7	40.4

特色主导产业优势明显。在稳定粮食生产的基础上，充分发挥比较效益，大力发展畜牧、优质稻、高粱、果蔬茶、林竹、烤烟六大特色优势主导产业，基本

形成了赤水河流域甜橙产业带，长江及沱江沿岸蔬菜、龙眼、荔枝产业带，赤水河、沱江流域高粱产业带，川南名优早茶产业带和川南错季蔬菜产业带等。江阳区、龙马潭区、泸县、合江县、叙永县已被省农业厅命名为四川省首批优势特色效益农业基地。合江县、叙永县、古蔺县被列入四川省现代农业产业基地强县培育县，江阳区被省政府命名为四川省首批现代农业产业基地强县，纳溪区是"中国特色竹乡""中国特早茶之乡"。

农产品质量安全水平不断提高。泸州市 30 万亩甜橙基地被认定为国家标准化示范区，全市有荔枝龙眼柑橘农业部标准园 6 个，面积 6 500 亩，成功创建国家、省级畜禽标准化示范场 17 个。先后制定了泸州龙眼、泸州甜橙、泸州高粱等的生产技术规程和产品标准。全市"三品一标"认证产品总数达到 168 个，其中无公害农产品 126 个，绿色食品 24 个，有机食品 12 个，农产品地理标志登记保护 6 个。蔬菜、水果、食用菌、粮食、茶叶等例行检测合格率均在 95%以上。

（二）基础设施情况

农田水利设施不断完善。截至 2013 年年底，全市已建成水利工程 37.09 万处，其中，建成水库 484 座，水电站 291 座，农村集中式供水工程 2 147 处，塘坝 23 755 座，机电井 32.82 万眼。全年总供水量 41 910 万立方米，其中，规模以上水利工程供水量达到 22 761 万立方米。有效灌溉面积 198.45 万亩，节水灌溉面积 125.25 万亩。规模以上灌区 120 处，渠道总长度 2 202 千米。新建堤防 23.10 千米，堤防长度累计达到 99.91 千米。新增水土流失治理面积 16.20 万亩，新增小流域综合治理面积 3.30 万亩，封禁治理保有面积 75 万亩，水土流失综合治理面积累计达到 18.69 万公顷。

农业机械作业水平稳步提高。截至 2013 年年底，全市农机总动力达到 193.9 万千瓦，增长 9.4%，百亩农机总动力 79.1 千瓦，农业机械化作业水平稳步提高，主要农作物耕种收综合机械化水平提高到 35%。农机社会化服务体系不断完善。

农村公路的规模不断扩大，通达深度逐步提高。截至 2013 年年底，全市公路总里程数达到 13 261 千米，等级公路里程 8 914 千米，乡镇、建制村公路通达率均达到 100%，初步形成了以高速公路、国省干道、县乡公路和农村公路相配套的道路交通网络体系。

五、泸州现代农业发展 SWOT 分析

（一）优势

1. 特色资源得天独厚

泸州属亚热带湿润季风气候区，南部山区呈立体气候，北部个别区域具有准南亚热带气候特点，具有发展区域化、特色化农业的天然优势。泸州是全球荔枝、龙眼最晚熟和最北缘产区，荔枝、龙眼产量均占全省 95% 以上，是全球同纬度最早茶叶产区，被称为"中国特早茶之乡"。泸州也是全省水稻主产区，品质优、污染少的再生稻面积和产量稳居全省第一，沿江地区早春蔬菜、秋延后蔬菜和山区错季蔬菜时间优势、赤水河谷甜橙质量优势明显。泸州湿热气候和土壤特性适合种植赶黄草、石斛等特色中药材，赶黄草获得国家地理标志，在全国范围内具有一定竞争优势。

2. 水陆空立体交通网络相对完善

泸州位于川滇黔渝四省市结合部，长江经济带、成渝经济区、南贵昆经济区三大经济区叠合部，是四川南向的"桥头堡"，成渝经济合作的前沿阵地，辐射半径包括成都经济区、川南经济区及永川区、遵义市、毕节市、昭通市等 7 个市近 6 000 万人口。历史上泸州就自然形成川滇黔渝结合部的物资集散地。

泸州市是四川省仅有的三个国家二级物流园区布局城市之一，是交通运输部确定的四川唯一的全国内河 28 个主要港口和国家二类水运口岸，是四川第一大港口和集装箱码头，是全国内河第一个铁路直通码头的集装箱码头。此外，综合交通运输体系对泸州港也有强力支撑，泸州高速公路位居川南第一，实现了川南城市群间及与滇、黔、渝三省市的互联互通；铁路已直达泸州港集装箱枢纽港区，可实现铁、公、水多式联运，这为农产品的快速汇聚和进入市场提供了便利条件。

3. 现代农业发展基础扎实

经过多年发展，泸州畜牧、优质稻、高粱、果蔬、林竹、烤烟等主导产业优势明显，发展基础扎实，生产规模逐年扩大，质量安全水平不断提高，公共服务体系逐步健全，产业化组织不断壮大，区域品牌影响力不断增强，为泸州现代农业发展打下坚实的基础。此外，全市农业科技推广体系基本健全，设有园艺所、林科所和农技服务中心。泸州还与四川省农业科学院、西南大学、四川农业大学、中国农业科学院等国内外农业院校和科研单位广泛合作。四川省农科院水稻高粱研究所位于泸州市内，国家柑橘、荔枝龙眼产业技术体系在泸州均设有综合

试验站。全市拥有农业专业技术人员 1 390 人，农业科技与服务单位 391 个。

4. 酒城名冠天下

泸州地处中国白酒金三角核心腹地，拥有 2 000 多年的酿酒历史，国家级名酒"泸州老窖"和"郎酒"驰名中外，是闻名遐迩的"中国酒城"，泸州市在全国地级市中享有很高的知名度。近年来泸州市着力打造泸州长江大地蔬菜、赤水河甜橙、泸州桂圆、合江荔枝、纳溪特早茶、泸州赶黄草等多个品牌，并得到周边地区的高度评价。有望在加大政策扶持、资金投入、科技支撑的条件下，不断将现有品牌做大做强，扩大品牌优势。

（二）劣势

1. 农业财政投入仍然不足

近些年，规划区社会经济快速发展，但经济基础依然薄弱，"工业反哺农业、城市反哺农村"的能力还不强。这主要表现在：一是农业在国民经济中的比重还比较高，第一产业占地区生产总值的比重达 13.6%，远高于四川省和全国平均水平；二是经济发展水平不高，人均 GDP 仅 26 848 元，只有四川的 82% 和全国的 63%，人均地方财政收入仅 2581 元，在全省只处于中等水平；三是农业财政投入不足，虽然近些年农业投入总量在增加，但农业投入比例却一直不高，地方公共财政中农林水事务支出仅 38.25 亿元，远远满足不了现代农业发展的需要。

2. 农业基础设施仍然薄弱

基础设施、生产手段与发展现代农业的要求不相适应，雨养农业、靠天吃饭的局面尚未从根本上改变。部分农业基础设施存在老化现象，历史欠账较多，抗御灾害能力不强。随着全球气候变化和极端天气事件的频发，自然和生物灾害叠加相互作用，制约和影响着全市现代农业可持续发展。全市农作物耕种收综合机械化水平不到 40%，比全国低 10 个百分点以上。

3. 新型职业农民相当缺乏

农业的比较效益相对较低，大多数中青年劳动力外出，农民的"兼业化""妇女化"和"老龄化"现象突出，农民科技人才缺乏，农业劳动力的整体结构和素质与现代农业产业发展的需求仍不适应。在一定程度上制约了农业"三新技术"的推广应用，迫切需要加强新型职业农民培育，促进农业持续高效发展。

4. 农业产业化水平仍然不高

泸州农业产业化水平整体上还处于初级发展阶段，经营机制还不完善。主要表现：生产基地集约化程度较低，综合开发能力不强；加工企业数量少，规模小，结构不合理，产业导向不明确，龙头企业辐射带动力弱；农产品加工档次低，产品增值率不高，缺乏精品、名牌产品；市场营销网络建设滞后，尚未形成规模较大、辐射较强的农产品批发市场。

5. 推动现代农业发展的制度障碍仍然存在

伴随着农业生产的专业化、规模化、集约化发展，加快农业组织创新的要求日趋迫切，现代农业发展容易衍生出大量个性化、定制化、特惠式的服务需求，导致传统的公益性、普惠式的农业服务体系的局限性日益显现。由于体制改革滞后，政府主导的农业推广体系还不适应农业结构调整对农业技术多元化、个性化的需求；农村金融服务不足，农业保险业务发展不平衡，保险覆盖面有待巩固提高，保险品种结构有待完善；农业专业化、规模化、集约化的推进面临启动资金不足、运营资金短缺和农业经营风险集中化等困扰。

（三）机遇

1. 国家长江经济带发展战略为泸州现代农业发展提供难得机遇

2014 年 9 月，国务院印发《关于依托黄金水道推动长江经济带发展的指导意见》，部署将长江经济带建设成为具有全球影响力的内河经济带、东中西互动合作的协调发展带、沿海沿江沿边全面推进的对内对外开放带和生态文明建设的先行示范带。作为长江上游重要港口城市的泸州，充分利用自身的区位优势和资源优势，积极争取农业项目、资金和优惠政策，具有发展现代农业的先机。

2. 成渝经济区的整体效应推动泸州发展

成渝经济区位于长江上游，是我国重要的人口、城镇、产业聚集区，在我国经济社会发展中具有重要的战略地位。泸州是位于长江经济带上、地处成渝经济区腹地的重要节点大城市。成渝经济区建设的极化效应、扩散效应必将对泸州产生重要的作用，促进泸州实现"跨越式"发展。

3. 国家西部大开发战略将继续实施

在新的发展阶段，一方面国家将继续为西部发展提供更为宽松的政策环境；另一方面在国家政策的引导下发达国家和东部发达地区的资本技术将会更多关注西部，对资源条件相对较好的泸州农业来说，西部大开发战略仍将提供较好的发展机遇。

4. 国家对资源型城市转型发展和乌蒙山片区扶贫开发的大力支持

2013 年国务院印发了《全国资源型城市可持续发展规划（2013—2020年）》，泸州市重新被界定为衰退型城市。为了支持泸州城市转型发展，2013 年省政府颁布了《泸州市资源枯竭城市转型发展规划》和《支持泸州市推进资源型城市可持续发展的意见》，明确提出要"加快发展特色农业。按照规模化、专业化、标准化发展要求，加快转变农业生产经营方式。积极发展酿酒专用高粱、优质水稻、烤烟、林竹、特色果蔬、生猪、水产等优势特色农业。"

2012 年，国务院批准了《乌蒙山片区区域发展与扶贫攻坚规划》，泸州叙永和古蔺两山区县被列入片区区域。作为未来 10 年全国扶贫开发的重点县和主战场，国家将在政策、项目和资金等多个方面给予大力支持。

5. 各级政府高度重视现代农业发展

2013 年 1 月，四川省委书记王东明参加泸州代表团审议时指出，泸州区位优势得天独厚，产业优势明显，未来发展潜力很大，有条件在"次级突破"中大有作为，不仅在多点发展中有潜力，而且要在川南城市群这一重要极中勇挑重担、走在前列。这是泸州提升现代农业档次、实现农业转型升级的良机。《四川省泸州市人民政府关于加快发展现代农业的实施意见》（泸市府发〔2012〕27号）指出：加快转变农业发展方式，坚持用现代物质条件装备农业，用现代科学技术改造农业，用现代产业体系提升农业，用现代经营形式推进农业，用现代发展理念引领农业，用培养新型农民发展农业，加快形成泸州现代农业区域化、规模化、专业化生产格局，不断提升泸州现代农业核心竞争力，推动全市农业农村经济、社会、环境协调发展。

6. 农村改革不断深化

在"四化"互动、城乡统筹战略深入实施之际，泸州市大力开展农村综合配套改革，取得了丰硕成果。2014 年 1 月，纳溪区被确定为四川省农村土地流转收益抵押贷款试点县（区）。同年，泸州市被国土资源部确定为全国不动产统一登记试点市。泸州市在农村宅基地有偿退出机制探索、农村土地确权登记等多个方面都走在全国的前列。

（四）挑战

1. 资源环境约束增加

一方面，泸州人口密度大，重要资源人均占有量较低，资源高效利用水平不高，经济发展方式仍然比较粗放，技术相对落后，农业面源污染等环境问题突出，生态环境承载能力有限，农业生产发展与工业化、城镇化快速推进及长江、沱江、城市饮用水水源地保护之间的矛盾突出；另一方面，城市建设用地快速扩张，土地资源有限，高质量的耕地面积减少趋势明显，亟须通过强化基础建设，提高土地产出能力。再次，长江上游生态屏障建设对发展资源友好型、环境约束型生态循环农业提出了更高要求。

2. 农业生产成本快速增加

近年来由于原材料、能源价格和劳动力成本的上升，农资价格逐年上涨，造成农业生产成本增加。虽然国家和省政府落实"一免五补贴"政策措施，农畜产品价格较以前有所上涨，但大宗农产品，尤其是粮食、猪肉比较效益低的状况仍没有得到彻底改变，蔬菜、水果等区域性农产品价格波动剧烈，"价贱伤农"的现象时有发生，弱化了各级政府惠农政策给农民带来的好处，一定程度上抑制了农民从事农业生产积极性。

3. 市场竞争加剧

除酒业外，泸州农业主导产业都以初级产品为主，农产品精深加工较少。随着人们生活水平的不断提高，城乡居民对农业的产品形态、质量要求发生深刻变化，国内、国际市场竞争日益激烈，迫切需要延伸农业产业链，提升精品农业生产水平。

4. 自然灾害多发频发

泸州市是旱涝、泥石流等自然灾害多发地区，随着全球气候变暖引发的极端气候事件及其他气象灾害的频发，现有的农业生产条件已很难适应日渐多变的天气条件，迫切需要加强农业基础设施建设，建设和完善农田水利、节水灌溉等设施，用现代装备武装农业，增强抵御自然灾害的能力。

第三章　主导产业选择

从全球、全国和全产业链多角度科学评估泸州市建设现代农业的竞争优势和市场前景，筛选确立八大产业作为泸州市现代农业建设的主导产业予以重点推进，加快全市农业现代化进程。

一、选择原则

资源依托原则。立足地区独特的资源基础和生态条件，突出泸州地区特色，重点发展具有资源优势和竞争优势的支柱产业。

市场导向原则。瞄准国内外市场需求，重点发展市场前景广阔、发展潜力大、增收功能强大的产业和产品，不断提高市场竞争力。

关联带动原则。重点优先发展产业可延伸性强、产业基础好、关联产业发达的产业，加快构建地区"种养加销服"一体化产业链体系。

持续发展原则。按照生态文明要求，优化农业发展规模与空间布局，合理利用资源和保护生态环境，实现可持续发展。

二、选择方法

泸州市农业主导产业选择采用定性分析与定量分析相结合的方法，基本思路如下。

首先，采用比较优势理论，利用综合产值比较、产业集中度、专业化系数等定量化指标，从产业竞争力角度筛选出具有竞争优势的潜在优势产业。

其次，基于主导产业选择基本原则，综合考虑产品特质、土地适宜性等一系列难以量化的竞争力影响因素，通过辅助指标体系，进一步定性分析和筛选泸州市农业主导产业，见表3-1。

表 3-1　农业优势产业选择的辅助指标体系

一级指标	二级指标
自然资源及区位（C1）	C11 土地资源适宜性 C12 与消费地（中心）距离 C13 规模扩张潜力
环境支撑力（C2）	C21 水资源的供给能力及质量 C22 生态环境状况
产业基础与传统（C3）	C31 产业规模化程度 C32 产业标准化程度 C33 农业生产和经营者积极性 C34 传统种植（养殖）习惯
产业效率及效益（C4）	C41 生产效率 C42 成本收益率 C43 质量水平 C44 品牌影响力 C45 吸纳劳动力能力 C46 经济贡献率
产业组织（C5）	C51 农户组织化程度 C52 产业化经营水平
产业关联带动（C6）	C61 影响力系数 C62 感应力系数
市场需求（C7）	C71 产品市场容量 C72 目标市场占有率
技术支撑能力（C8）	C81 劳动生产率 C82 单产水平 C83 技术服务体系 C84 生产经营者接受技术的动力强弱和能力高低
资本存量及供给能力（C9）	C91 各种资金投入农业力度 C92 农业信贷环境 C93 人力资本存量
可持续发展能力（C10）	C101 资源综合利用率 C102 环境污染及程度

三、产业竞争优势分析

考虑到数据的可获取性和可靠性，对泸州各产业竞争优势分析采用产业比重、比较优势指数和产业专业化系数 3 个指标来定性分析。

（一）产值比重分析

产业产值比重是指某产业产值占全市农业总产值的比重。这一指标可以表明各产业在一段时间内其发展的总规模以及总水平，通过不同值之间的比较还可以全面反映出泸州农业产业内各产业间的相对规模以及不同产业对当地农业产业贡献大小，进而可以看出各产业在当地农业产业发展中的地位。

$$某产业产值比重 = \frac{某产业产值}{同一区域农业总产值}$$

从图 3-1 可知，粮食、生猪养殖和蔬菜是泸州市目前的主要产业，占全市农业总产值的 75% 以上。由于本地农户的养殖习惯和城乡居民的消费习惯，生猪养殖规模较大，优势较为突出。在全市 7 个区县中，泸县、合江、纳溪、叙永、古蔺都是国家优质商品猪战略保障基地县，除龙马潭区外的 6 个区县均为四川省生猪调出大县。泸州粮食产业主要是水稻、高粱和马铃薯，其中，泸州发达的酒业刺激了高粱的需求，冬作马铃薯有较好的经济效益。泸州的蔬菜粮油有很大比例销往重庆，是保障重庆居民生活需求的重要"菜园子"。各产业地位排序：粮食>生猪>蔬菜>家禽>水果>林竹（图 3-1）。

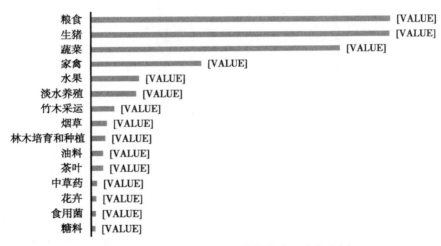

图 3-1　2013 年泸州市农业内部各产业产值比例

（二）产业集中度分析

农业主导产业的产值一般在农业总产值中应占有较高比重，产值规模与全国（或成渝地区）相比的比较优势可用产值集中指数来反映，即为产业集中度。

$$产业集中度 = \frac{某产业产值占泸州市农业产值比例}{某产业产值占全国（或成渝地区）农业产值比例}$$

从全国范围来看，泸州市谷物、薯类、烟草、蔬菜、生猪、家禽等产业的产业集中度值均大于 1，说明具有产业竞争优势。产业竞争优势排序为薯类>烟草>

生猪>家禽>蔬菜>谷物，见表3-2。

从成渝地区来看，泸州市谷物、薯类、糖料、烟草、蔬菜、竹木、生猪、淡水养殖等产业集中度值大于1，说明其在成渝范围内具有产业竞争优势。产业竞争优势排序为糖料>烟草>薯类>谷物>生猪>林竹>淡水养殖>蔬菜。

表3-2　泸州在全国和成渝地区的产业集中度分析

序号	产品	全国	成渝	序号	产品	全国	成渝
1	粮食	1.16	1.21	11	花卉	0.58	0.22
2	谷物	1.10	1.20	12	水果	0.52	—
3	薯类	2.41	1.32	13	茶饮	0.84	0.60
4	豆类	0.80	0.85	14	香料	0.19	0.06
5	油料	0.40	0.24	15	中药材	0.38	0.50
6	麻类	0.02	0.01	16	林竹	0.88	1.14
7	糖料	0.43	2.73	17	牲畜养殖	0.47	0.85
8	烟草	1.78	1.46	18	生猪养殖	1.78	1.16
9	蔬菜	1.15	1.06	19	家禽养殖	1.17	0.75
10	食用菌	0.25	0.41	20	淡水养殖	0.65	1.10

注：不同于成渝经济区，文中成渝地区指四川和重庆两省（市）

（三）专业化系数分析

专业化系数是用来表示农产品商品生产能力的指标，专业化系数越高，表示该产业的产品在泸州市同类产业中专业化生产程度越高。

$$某产业专业化系数 = \frac{某产品区域内人均占有量}{全国（或成渝地区）人均占有量}$$

从全国来看，在27个主要农产品中，泸州市的水稻、高粱、马铃薯、烤烟、茶叶、荔枝、龙眼、猪肉8个产品的专业化系数值均大于1，说明其在全国范围内具有较强竞争力。竞争力排序为高粱>龙眼>马铃薯>荔枝>烤烟>水稻>生猪>茶叶，见表3-3。

从成渝地区来看，泸州市的水稻、高粱、马铃薯、甘蔗、烤烟、荔枝、龙眼、生猪、淡水养殖9个产品的专业化系数值大于1，说明其在成渝范围内具有较强竞争力。竞争力排序为荔枝>龙眼>高粱>甘蔗>烤烟>水稻>淡水养殖>生猪>马铃薯。

与全国对比，泸州农业在成渝范围内具有竞争力产业增加2个，分别是甘蔗和淡水养殖；具有竞争力产业减少1个，即茶叶。从竞争力强弱变化来看，由于成渝地区甘蔗和淡水养殖产业整体竞争力较弱，所以泸州甘蔗和淡水养殖产业在成渝地区的竞争力相对更强，故甘蔗和淡水养殖产业只具备区域竞争力。

表3-3　泸州在全国和成渝地区的专业化系数

序号	产品	全国	成渝	序号	产品	全国	成渝
1	水稻	1.87	1.51	14	甜瓜	0.00	0.04
2	小麦	0.24	0.52	15	草莓	0.00	0.01
3	玉米	0.36	0.62	16	茶叶	1.44	0.89
4	高粱	19.22	9.49	17	柑橘	0.68	0.34
5	大豆	0.34	0.46	18	荔枝	2.27	21.69
6	马铃薯	2.78	1.08	19	龙眼	3.64	12.23
7	花生	0.11	0.20	20	猪肉	1.50	1.10
8	油菜籽	0.81	0.36	21	牛肉	0.36	0.51
9	麻类	0.02	0.01	22	羊肉	0.53	0.65
10	甘蔗	0.18	2.72	23	禽肉	0.88	0.98
11	烤烟	1.95	1.74	24	禽蛋	0.46	0.58
12	蔬菜	0.89	0.96	25	牛奶	0.10	0.37
13	西瓜	0.05	0.21	26	淡水产品	0.79	1.15

总的来看，泸州农业在全国范围具有竞争力的产业有8个，即高粱、马铃薯、龙眼、生猪、烤烟、荔枝、水稻、茶叶；具有区域性竞争力的产业有3个，即甘蔗、淡水渔业、林竹。

四、主导产品市场前景分析

1. 精品果业

近十年来，我国果业生产突飞猛进。2013年全国柑橘、荔枝、龙眼总产量分别为650万吨、205万吨、155.8万吨，并已成为世界第三大柑橘生产国、第一大荔枝和龙眼生产国。我国也是柑橘、荔枝、龙眼第一消费大国，但人均消费柑橘7.8千克，仅为全球人均柑橘消费量17.2千克的45.3%，荔枝、龙眼鲜果人均占有量为1.36千克和0.55千克，仅占全球人均水果消费量的2.9%和1.2%。随着人民生活水平不断提高，柑橘、荔枝、龙眼等水果消费还有很大提升空间。根据农业部预测，2015年全国柑橘需求量将达到3 024万吨，今后5~10年内，预计水果年需求量还将保持3%~5%的增长，市场前景广阔（表3-4）。泸州果品资源丰富，赤水河谷甜橙、合江真龙柚质量享誉全国；长江、沱江湿热的河谷气候又使龙眼、荔枝具备了晚熟的特征，此时南方荔枝、龙眼均已下市，使其具有不可替代性的市场优势。

2. 高效林竹

竹产业属四大朝阳产业之一，发展前景十分广阔。2012 年，我国竹产业产值达 1 170 余亿元，同比增长了 11.57%。竹产品具有生态低碳特性，已渐为广大用户所青睐。随着国内外消费者消费取向于天然、安全和健康，竹产品的市场需求呈现持续快速增长趋势，特别是随着竹产品加工技术的提高，相关加工产品越来越丰富，在国内外都有越来越广泛的消费市场。按照《全国竹产业规划（2013—2020 年）》估计，到 2015 年，全国竹产业产值将接近 2 000亿元，其中，竹产品原料产值达 480 亿元，竹产品加工业产值 1 510 亿元；到 2020 年，全国竹产业产值将接近 3 000 亿元，其中，竹产品原料产值达 600 亿元，竹产品加工业产值 2 350 亿元。泸州市竹林资源丰富，现有竹种 40 余，占四川省竹种的40%；竹林总面积占四川省的 20%；年产杂竹量 100 余万吨，年产楠竹量 400 万根，面积和蓄积量居全省首位，说明泸州市竹林资源在西南地区优势明显。

表 3-4　2015 年、2020 年全国林产品需求量预测

序号	产品	单位	2015 年	增长率	2020 年	增长率
1	竹笋加工产品	万吨	350	16%	530	9%
2	竹材人造板	万吨	293	4%	430	8%
3	竹地板	万立方米	95	5%	121	5%
4	竹浆	万吨	207	8%	304	8%
5	竹质家具	万件	918	8%	1288	7%
6	竹纤维制品	万吨	24	25%	38	10%
7	竹炭	万吨	22	13%	36	10%
8	竹制日用品	万吨	321	8%	472	8%
9	竹饮制品	万吨	7	40%	14	15%

注：①数据源于《全国竹产业发展规划（2013—2020）》；②增长率分别指"十二五"和"十三五"期间年均增长率

3. 绿色蔬菜

据 FAO 统计，进入 21 世纪，世界蔬菜消费量年均增长 5% 以上，增长主要集中在日本、韩国及东南亚等传统的蔬菜进口国家（地区）。而由于劳动力成本的原因，发达国家蔬菜生产将不断萎缩，这为我国蔬菜发展提供了更广阔的发展空间。2012 年我国累计出口蔬菜 717 万吨，比 2000 年增加 397 万吨，增幅123%；出口额 69 亿美元，比 2000 年增加 44 亿美元，增幅 176%。随着我国蔬菜质量水平的提高，采后处理设施和技术的改进，我国蔬菜出口还有很大的发展空间。由于饮食偏好的改变，特别是城乡居民逐渐认识到蔬菜对人类健康具有其他任何食品都不能取代的作用，国内市场需求预计将继续增长。2013 年全国蔬菜人均占有量 518.5 千克，比 2005 年的 438.6 千克增长近 80 千克，增幅达 18.2%。依托独特的气候条件，泸州市的沿江地区早春蔬菜、秋延后蔬菜和山区反季节蔬菜在成渝市场具有很大的时间优势。随着居民收入水平的提高、城镇化步伐加快，国民消费从温饱型转入营养健康型，城乡居民对"三品"（无公害农产品、绿色食品、有机食品）、"名奇特新"产品的需求不断增加，为泸州市发展优质、绿色、高效、安全蔬菜产品提供了难得的市场机遇。

4. 特色经作

茶叶消费是一种成熟的传统健康的消费，随着经济的发展和人们对绿色消费的关注，茶叶越来越受到人们的喜爱和追求，茶叶产品消费潜力巨大。近年来，我国茶叶的内销量与出口量均呈不断增加趋势。2010—2013 年，我国茶叶内销量从 110 万吨增长至 125 万吨，出口量仅从 30.6 万吨增长至 32.2 万吨。从国内市场看，我国人均茶消费量从 2000 年的 0.37 千克增加到 2010—2012 年的 0.95 千克，增幅 1.57 倍，但仍低于世界十大人均消费茶叶国家（均高于 1.33 千克/人），说明茶叶消费仍有很大的市场潜力。泸州是全球同纬度最早茶叶产区，被称为"中国特早名茶之乡"，其茶叶具有早熟的特性，在全国主要茶产地茶叶还没上市的空档期，拥有广阔的独占市场。

我国中药材行业发展正处于一个上升阶段。2012 年中药材播种面积达到 2 340.68 万亩，同比增长 12.65%。2012 年我国中药工业总产值已达 5156 亿元，占医药产业规模的 31.24%，与化学药、生物药呈现出三足鼎立之势。在国际市场上，中药材类产品的接受度也在不断提高，需求旺盛。2013 年，我国中药类产品出口总额达 31.38 亿美元，同比增长 25.54%，创历史新高。其中植物提取物出口额 14.12 亿美元，同比增长 21.3%；中药材及饮片出口额 12.11 亿美元，同比增长 41.24%。泸州作为川药产区的重要组成部分，拥有天麻、五倍子、佛手、黄柏、杜仲、安息香等中药材资源 3 000 种，尤其是赶黄草的原产地和金钗石斛、川佛手的道地产地。通过近年来的努力，泸州市初步形成了规范种植、饮片加工、提取物生产、新药创制及相关产品开发并进的完整的中医药产业链，大力开发化学医药制剂基础条件具备，发展前景广阔。

5. 优质粮食

未来相当长的一段时间内，我国稻谷供需总量将长期偏紧，形势不容乐观。水稻是中国最主要的口粮消费作物，在所有口粮消费中占比 60% 左右，水稻口粮消费占水稻总消费量的 85%。预计 2020 年我国人口将达到 14.08 亿人，按目前人均消费 140 千克水稻计算，总消费量将达到 1.97 亿吨。此外，酿酒、制药、调味品、饲料加工等领域对稻谷的工业需求也在增长。

泸州地处"中国白酒金三角"①的核心地带，酿酒产业发达。泸州有泸州老窖和郎酒两大世界级白酒品牌，现有大小酒类企业703户，规模以上企业92户，酿酒窖池24 000余口。以2013年泸州白酒产量145.3万千升推算，若1/4的白酒用高粱为原料、按传统工艺发酵酿造，需要高粱90.8万吨。2013年泸州高粱产量仅17.3万吨，缺口达70万吨以上。随着酒业的进一步发展，特别是泸州打造全国最大白酒贴牌加工（OEM）园区的发展战略提出，高粱需求量将进一步增加。

6. 现代养殖

我国人均肉类消费量目前约为40千克/年（不含水产品约为30千克/年），处于相对较低水平。欧美发达国家的人均肉类消费量达120千克/年，为中国的3倍。即使是饮食习惯与我国大陆较为接近的日本、韩国等国家和中国香港、中国台湾等地区的人均肉类消费量（不含水产品）也分别达到了43千克/年、59千克/年和133千克/年、70千克/年，是中国大陆的1.4~3.3倍，从消费需求角度来看我国养殖业规模发展空间巨大。我国养殖业在未来10年还将经历加速发展阶段（图3-2）。

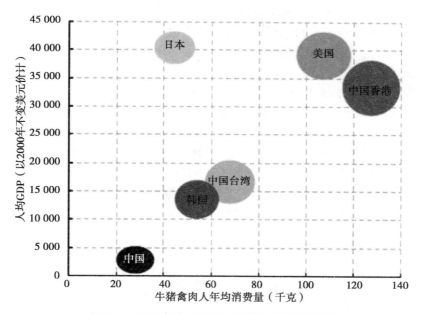

图3-2　2010年人均GDP与猪牛禽肉年消费量

① "中国白酒金三角"，为中国白酒黄金三角产区的简称，是指由四川省宜宾、泸州和贵州省遵义所构成的三角地带，面积5.6万平方千米，其白酒产量占全国20%左右，金三角孕育了茅台、董酒、五粮液、泸州老窖、郎酒等中国名酒，是中国优质白酒的主要产区之一

从肉类消费结构的演变历史和趋势来看，随着我国城乡居民收入的提高，人均肉类消费的内部结构也发生了很大变化，总体趋势是猪肉消费比例的下降，禽肉、水产、牛羊肉消费比例的提升。2010 年全国人均牛羊肉消费量分别为 4.87 千克和 3.01 千克，均比 2005 年增长 12%，年均增长 2.3%。据 FAO 预测，未来我国猪肉消费量还将以每年 1.6% 的幅度增长，但其在肉类结构中所占比重将持续下降，到 2022 年猪肉在我国肉类总量中的比例将下滑至 60%。

泸州是四川省重要的生猪、肉牛和肉羊生产基地，养殖业基础雄厚，畜牧资源丰富。全市有古蔺丫权猪、古蔺马羊、川南黑山羊、川南黄牛、川南山地乌骨鸡等多个地方优良畜禽品种。特别是泸州拥有较大面积的草山、草坡，为发展肉牛、肉羊产业提供了较好的饲草料资源，发展草食性牲畜和特色养殖具有明显的竞争优势和广阔的市场前景。

7. 休闲农业

我国休闲农业已进入快速发展的新时期。随着消费水平的提高和农村基础设施的改善，城乡居民对休闲消费需求持续高涨，个性化休闲体验渐成新宠；我国 70% 的旅游资源分布在农村，广大农村优美的田园风光、恬淡的生活环境，必将成为休闲消费的主阵地。据不完全统计，截至 2013 年年底，全国各类从事休闲农业的经营主体已达到 180 万家，其中，农家乐 150 万家，年接待游客 9 亿人次，实现营业收入超过 2 700 亿元，带动 2 900 万农民受益，接待人数和经营收入均保持年均 15% 以上的增速。休闲农业满足了城市居民节假日回归自然，尽情享受田园风光和休闲放松的需要，具有广阔的市场消费群体。泸州休闲农业资源丰富，张坝桂圆林和泸州老窖集团公司分别为全国农业旅游示范点和全国工业旅游示范点。虽然整体开发较晚，但很多地方还处于原生态阶段，大气环境、水环境、土壤环境等状况明显优于我国开发较早的地区，具有较大的发展潜力。特别是泸州距成渝两地都只有不到 4 小时车程，交通区位优势明显，为休闲农业发展提供充足的客源基础。

8. 加工物流

我国农产品加工业正处于快速发展期。2012 年，我国规模以上农产品加工业产值突破 15 万亿元，年均增幅 15% 以上；农产品加工业产值与农业产值之比由"十五"末的 1.1：1 提高到 1.9：1 左右。与世界发达国家相比，我国国民对加工品消费的比例还很低，潜力还很大。据统计，发达国家加工食品约占饮食消费的 90%，而我国仅为 25% 左右，为农产品加工业发展提供了广阔的国内市场空间。随着人民生活水平的普遍快速提高，我国的消费结构已经发生了重大变化，食物需求正在发生着重大的改变，工业食品的比重在食物消费中正在快速增加，预计未来相当长一段时间内我国农产品加工业还将保持快速增长。泸州市坐拥长江黄金水道，拥有四川第一大港口和集装箱码头和全国内河第一个铁路直通码头的集装箱码头，可实现铁公水多式联运，是发展农产品加工物流业基地的区位交通优势。

五、主导产业确立

（1）水稻是泸州市的优势产业，除龙马潭区外的6个区县均为全国水稻生产优势县；高粱的产业链相对完整，其发展与泸州酿酒产业关联性极强，故将水稻、高粱纳入全市的农业主导产业。

（2）泸州茶历史悠久，以"早、优"为特色，是全国中小叶种优质茶的最早生产区，纳溪、叙永、古蔺是全国绿茶生产优势县，因此，将茶叶列为区域性农业主导产业。

（3）虽然泸州中药材在规模上暂不具优势，但泸州是川药资源重要的组成部分，是赶黄草的原产地和金钗石斛的道地产地。考虑到中药材的特殊性及未来需求量，将中药材（赶黄草和金钗石斛）列为区域性主导产业。

（4）作为成渝经济区重要的"菜篮子"，泸州蔬菜具有较好的市场前景，特别是沿江河谷地带的早春蔬菜和合江、叙永、古蔺三县（区）的高山错季蔬菜，经济效益较好，市场供不应求，将蔬菜作为区域性农业主导产业。

（5）泸州区位条件优越，是国家确定的川南地区唯一的国家二级物流园区布局城市，是川滇黔渝毗邻地区重要的交通枢纽和港口城市，发展加工物流业具有得天独厚的优势。因此，本规划将加工物流作为区域性主导产业。

（6）考虑到泸州丰富的旅游资源和农业多功能性的拓展，本规划将观光休闲农业作为区域性主导产业。

（7）泸州竹林资源丰富，现有竹林总面积占四川省的20%，杂竹和楠竹年产量均居全省首位，开发潜力大，故将林竹作为区域性主导产业。

（8）合江真龙柚、赤水河甜橙品质优良；荔枝、龙眼具有晚熟优势，与其他地区荔枝、龙眼主产区成熟期上有"时间差"，发展潜力较大，故将果品（柑橘、荔枝、龙眼和真龙柚）作为农业主导产业。

（9）马铃薯种植规模较小，且能够发展冬作马铃薯的后备耕地资源有限。马铃薯加工业发展较为落后，进一步发展扩大的潜力有限，因此本规划暂不考虑。

（10）由于特殊的地理气候，泸州甘蔗在川渝地区具有较强的竞争力，但由于甘蔗主要用作糖料，近年来全国甘蔗和糖料加工企业不断向东南沿海聚集。甘蔗产业难以上规模，发展潜力有限，故本规划暂不考虑。

综上所述，筛选出在全国或区域范围内具有竞争力的农业主导产业 8 个，即优质粮食（水稻、高粱）、精品果业（荔枝、龙眼、真龙柚、柑橘等）、绿色蔬菜、特色经作（茶叶、中药材）、高效林竹、现代养殖（猪牛羊林下鸡和水产）、加工物流业和休闲农业。

第四章　总体战略

一、发展定位

充分发挥泸州水陆空立体交通、川滇黔渝结合部和长江经济带上游区位优势，依托泸州独特的资源，突出"绿色发展""特色发展""高效发展"理念，做实现代特色农业生产基地，加快完善现代生产体系、服务体系、研发体系、市场体系，构建优势农业产业集群，努力打造泸州现代农业"四张名片"，即西南一流、中国领先的特色优质农产品供给基地、长江上游优质农产品加工物流基地、西南山区农业绿色发展示范基地和新型多功能农业创新发展基地。

（1）特色优质农产品重要供给基地。改造、提升特早茶、赶黄草、晚熟荔枝、龙眼、山地蔬菜、林竹、丫杈猪、山地乌骨鸡等区域特色鲜明、品牌效应突出、市场需求广阔的特色农业产业，优化品种结构，加强基地建设，创新经营模式，不断提高专业化、产业化、规模化生产水平，提高特色优质农产品供给能力，建设成我国特色优质农产品重要供给基地。

（2）长江上游优质农产品加工物流基地。紧紧围绕优势产业，加快推进农业向产前产后延伸步伐，延长产业链，提高附加值。规划建设一批具有重大影响力的农业科技园区、高效农产品加工园区以及物流园区，辐射带动泸州乃至长江上游现代农业发展。

（3）西南山区农业绿色发展示范基地。以生产有机、绿色、无公害农产品为导向，坚持开发与保护相结合，不断探索绿色发展、低碳发展新技术、新模式，示范带动西南山区农业与生态协调发展。引进和推广农业新成果、新技术、新品种，在深山和山区发展毛叶山桐子、油茶、菩提树等木本食用油料作物，打造新兴农业产业。

（4）新型多功能农业创新发展基地。依托丰富、多样的农业生态资源，大力挖掘以酒文化为代表的系列农耕文化，发展体验农业、观光农业、科普农业、租赁农业、设施农业、互联网农业等新型农业业态，创新农业产业发展模式和增值模式，拓展农业功能。

二、总体思路

以党的十八届四中全会精神、四川省委十届四次全会精神和泸州市委市政府有关战略为指导，结合国家"成渝经济区"和"长江经济带"发展战略，充分挖掘泸州独特的区位、资源和生态优势，以农民增收为核心目标，以延长农业产业链为重点，坚持"绿色、低碳、循环"发展理念，以基地、园区为载体，以落地项目为抓手，重点打造八大产业，提升绿色农产品综合生产能力和现代农业发展水平，构筑农业转型升级和生态保护双赢新格局，将泸州市建设成我国西南山地现代农业先行区。

三、基本原则

（1）全产业链原则。在进行规划时，不仅考虑生产环节，而且将农产品储藏、加工、销售、物流、品牌推广、科技创新、休闲旅游等作为一个整体进行考虑，尽可能延长产业链，增加附加值。

（2）多维视角原则。泸州现代农业发展规划立足于泸州，但不局限于泸州的视角，从世界、中国、成渝经济区、长江经济带、中国西南、四川、川南、川滇黔渝结合部等多维视角审视泸州农业，对泸州现代农业发展进行科学定位和规划。

（3）特色高效原则。充分利用泸州独特的资源优势，选择具有特色、效益好、潜力大的产业重点规划，形成具有泸州特色的现代高效农业产业体系，增强国内外竞争力。

（4）环境友好原则。合理开发利用农业资源，注重循环农业，加强资源节约型、环境友好型农业生产体系建设，加强对农业资源管理和保护，统筹人与资源、生态和环境的和谐发展，确保现代农业发展的可持续性。

（5）科技支撑原则。引入现代农业科技资源，建立农业科技孵化园区，着力研发一批支撑泸州特色农业产业发展的关键技术，孵化一批具有高成长性的新型农业科技企业，着力打造泸州市农业科技创新中心，健全农业科技创新体系、农业技术推广体系和农民培训体系，提高科技进步对现代农业发展的贡献率。

（6）区域统筹原则。坚持城乡统筹、山水统筹，按照区域化、专业化、标准化、规模化、集约化的要求，引导适度规模经营，加快发展现代农业，引导农村居民向中心村和城镇集中，促进工业化、信息化、城镇化与农业现代化同步发展，实现"四化"互动。

四、总体布局

综合考虑泸州地理区位、地形地貌、资源优势、发展潜力、产业基础和相关的发展规划等因素，确定按照"一带三区"格局进行泸州市现代农业布局建设（附图3）。"一带"指长江现代农业带，"三区"指泸州市北部现代农业区、中部现代农业区和南部现代农业区。主导特色产业及其布局范围见表4-1。

表4-1　泸州市现代农业区域布局

带区名称	主导特色产业	区域范围
长江现代农业带	加工物流、科技创新示范、休闲农业、绿色蔬菜	江阳区的丹林、黄舣、弥陀、况场、方山、分水岭、石寨、通滩；龙马潭区的特兴、金龙、胡市、长安；纳溪区的新乐、大渡口、护国、上马、天仙、白节、合面；合江县的焦滩、大桥、白沙、合江、白米、榕山、白鹿、参宝、望龙
北部现代农业区	优质水稻高粱、龙眼、石斛、猪羊	江阳区、龙马潭区乡镇（长江现代农业带乡镇除外）、泸县乡镇、合江的参宝镇
中部现代农业区	特早茶、荔枝、真龙柚、林竹、石斛、木本油料	纳溪区、合江县乡镇（长江现代农业带乡镇除外）
南部现代农业区	柑橘、赶黄草、丫杈猪、牛羊、林下鸡、木本油料、高山蔬菜、林竹	叙永县、古蔺县乡镇

（1）长江现代农业带。该带是泸州现代农业的核心区，着力打造集科技创新示范、加工物流、观光休闲等多功能于一体的泸州现代农业先行示范区。

（2）北部现代农业区。着力打造以优质水稻、高粱、生猪为重点的丘陵现代农业生产基地。

（3）中部现代农业区。着力打造以特早茶、特晚荔枝、真龙柚、林竹、木本油料为重点的特色现代农业生产基地。

（4）南部现代农业区。着力打造以柑橘、高山蔬菜、赶黄草、木本油料、林下鸡、牛羊等为重点的山区特色现代农业生产基地。

"三区"作为泸州市现代农业的腹地，重点发展现代农业生产基地，通过"一带"（核心区）建设辐射带动"三区"发展，实现带区互动共荣。

五、发展目标

经过十年左右的努力，建成特色突出、绿色高效的优质粮食、精品果业、绿色蔬菜、特色经作、高效林竹、现代养殖等现代农业产业体系，推动农产品加工、仓储物流、休闲农业等相关产业全面升级，农业科技创新和成果转化取得突破，农业增长方式加快向集约型转变，产业发展迈上新台阶，农业现代化建设取得显著进展；农村经济整体上有较大改观，农民收入较快增长、生活更加殷实；农村生态环境更加优美，社会更加和谐。力争到 2025 年，打造具有全国或区域竞争力的产业 8 个，其中百亿以上产业 7 个，200 亿以上产业 3 个，300 亿以上产业 2 个，超 1 000 亿以上产业 1 个，在全省率先基本实现农业现代化，将泸州建设成为川南领先、全国知名的现代农业强市，具体指标见表 4-2、表 4-3。

表 4-2　泸州市现代农业发展主要指标

类别	指标	2013 年	2016 年	2020 年	2025 年
主要农产品生产	粮食综合生产能力（万吨）	198	200	205	210
	粮食播种面积（万亩）	550	550	550	550
	蔬菜产量（万吨）	184	240	275	300
	水果产量（万吨）	40	50	60	90
	肉类产量（万吨）	33	36	42	50
	水产品产量（万吨）	6.9	8	10	12
	粮食单产（千克/千克）	360	365	375	385
	农产品加工率（%）	20	24	56	70
经济效益	农林牧渔业产值（亿元）	252	305	430	600
	农业劳动生产率（万元/人）	2	2.65	4.2	6.9
	耕地产出率（元/亩）	4 247	5 600	9 100	14 500
	农民人均纯收入（元）	8 455	11 500	21 000	36 000
物质技术装备水平	有效灌溉面积（万亩）	193	195	200	205
	新建高标准农田面积（万亩）		[30]	[50]	[50]
	设施农业面积（万亩）	9	12	16	20
	主要农作物良种覆盖率（%）	90	95	>98	>98
	农机总动力（万千瓦）	194	210	255	300
	主要农作物耕种收综合机械化水平（%）	35	42	56	70
农业科技	每万名农村劳动力拥有的农技服务人员数（个）	5.29	5.5	6	6.5
	科技进步贡献率（%）	50	55	60	65
质量和品牌	农产品质量安全例行监测总体合格率（%）	97	>98	>99	>99
	"三品一标"认证产品总数（个）	168	180	210	240
组织化程度	土地承包经营权流转面积比例（%）	13.6	16	20	24
	畜禽规模化养殖比例（%）	66	70	75	80

（续表）

类别	指标	2013 年	2016 年	2020 年	2025 年
可持续发展能力	农作物秸秆综合利用率（%）	40	45	55	65
	畜禽粪便资源化利用率（%）	55	68	65	70

注：〔 〕为目标期与基期、目标期期间的累计数

表 4-3　2016—2025 年主导产业发展指标

产业	2016 年	2020 年	2025 年
精品果业	总面积 104 万亩，总产 20 万吨，产值 25 亿元	总面积 110 万亩，总产 46 万吨，产值 51 亿元	总面积 115 万亩，总产 90 万吨，产值 94 亿元
高效林竹	改造低产竹林面积 20 万亩，新建竹林面积 23 万亩；建企业 8 家；竹业总产值 68 亿元	竹林面积达 372 万亩，其中新增竹林面积 52 万亩；建企业 11 家；竹业总产值 217 亿元	进一步加大竹林基地技改力度，实现竹产业绿色健康良性发展，建 1 家企业；竹业总产值 338 亿元
绿色蔬菜	蔬菜种植面积 100 万亩，总产量 240 万吨，食用菌 3 850 万袋，总产值 60 亿元	蔬菜种植面积 115 万亩，总产量 275 万吨，食用菌 6 400万袋，总产值 75 亿元	蔬菜种植面积 130 万亩，总产量 300 万吨，食用菌 1 亿袋，总产值 100 亿元
特色经作	茶叶种植面积 40 万亩，产量 2.2 万吨，产值 40 亿元；中草药种植面积 23 万亩，产值 7 亿元。合计产值 47 亿元	茶叶种植面积 45 万亩，产量 3.68 万吨，产值 138 亿元；中草药种植面积 40 万亩，产值 17 亿元。合计产值 155 亿元	茶叶种植面积 50 万亩，产量 4.5 万吨，产值 160 亿元；中草药种植面积 55 万亩，产值 24 亿元。合计产值 184 亿元
优质粮食	新建高标准稻田 40 万亩，新建高标准高粱基地 5 万亩	新建高标准稻田 40 万亩，新建高标准高粱基地 10 万亩	新建高标准稻田 30 万亩，新建高标准高粱基地 15 万亩
现代养殖	出栏生猪 390 万头，肉牛 12 万头，肉羊 65 万只，林下鸡 2 170 万只。水产品总产量 8.0 万吨	出栏生猪 420 万头，肉牛 18 万头，肉羊 102 万只，林下鸡 3 530 万只。水产品总产量 10 万吨	出栏生猪 460 万头，出栏肉牛 25 万头，肉羊 140 万只，林下鸡 5 000 万只。水产品总产量 12 万吨
休闲农业	休闲农业接待人数 1 750 万人次，产值 108 亿元	休闲农业接待人数 2 400 万人次，产值 150 亿元	休闲农业接待人数 3 500 万人次，产值 210 亿元
加工物流	农产品加工业总产值达到 245 亿元，农产品加工率 24%	农产品加工业总产值达到 610 亿元，农产品加工率 56%	农产品加工业总产值达到 1 200 亿元，农产品加工率 70%

（1）经济发展率先跨越。农业农村经济总量持续增长，农民收入显著提升。到 2025 年，全市农林牧渔业总产值在 2013 年基础上翻两番，达到 600 亿元以上。全市农村居民人均纯收入达到 36 000 元以上，城乡收入比下降至 2.3∶1，消除绝对贫困人口。

（2）主要农产品综合生产能力显著提高。到 2025 年，粮食播种面积稳定在 550 万亩以上，总产量达到 210 万吨；蔬菜面积达到 130 万亩，总产量达到 300 万吨；水果产量达到 90 万吨；生猪出栏量 460 万头，肉牛出栏量 25 万头，肉羊

出栏量 100 万只,林下鸡 5 000 万只,肉类总产量达到 55 万吨以上;水产品产量达到 12 万吨。

(3)农业物质技术装备与组织化水平明显增强。主要农产品生产基地力争全面实现机械化,设施农业、经济作物、畜牧、渔业、农产品加工、保鲜、储运等机械化取得重大进展,农业机械化对农业增长的贡献率进一步提高,农业和农村信息化水平明显增强。到 2025 年,测土配方施肥面积比重达到 90%,农作物耕种收综合机械化作业水平达到 70%,农业科技进步贡献率达到 65%,高科技农业得到较快发展。

(4)农业产业结构与功能不断优化。积极发展以农产品加工为重点的农村二、三产业,优化产业结构,延伸农业产业链,实现农产品加工规模从小到大,加工层次从粗到精,企业实力由弱到强。到 2025 年,畜牧业占农业总产值的比重达到 48%;农产品综合加工率达到 70%,国家级龙头企业 10~15 家。

(5)农产品质量和品牌影响力显著提升。主要农产品和农资产品抽检合格率达 99%以上,无公害农产品、绿色食品和有机食品数量大幅增长,"三品一标"认证产品数量达到 240 个。每个主导产业有 1~2 个进入中国名牌或中国驰名商标。

(6)可持续发展能力显著提高。资源节约型、环境友好型农业生产体系基本形成,循环农业得到长足发展,土壤有机质含量有所提升,水资源、农作物秸秆、畜禽粪便利用率显著提高。到 2025 年,主要农作物秸秆综合利用率达到 65%以上,畜禽养殖废弃物资源化利用率达 70%以上,农业生态环境显著改善。

第五章　主要任务

按照现代农业发展总体要求，集中力量，重点建设特色农业产业体系、现代农业装备体系、农业科技创新体系、现代循环农业生产体系、农产品加工物流体系和农产品品牌体系，努力探索具有泸州特色的农业现代化模式，做特、做实、做精、做绿、做强、做响泸州现代农业。

一、构建特色农业产业体系，做特现代农业

以转变生产方式为主线，以规模生产为重点，以产业化经营为方向，突出资源优势、生态优势、区位优势、品牌优势，走区域化布局、专业化生产、产业化经营之路，加快构建符合泸州实际的农业特色产业体系，围绕特早茶、晚熟荔枝、龙眼、柑橘、高山错季蔬菜、林竹、石斛、赶黄草、丫杈猪、山地乌骨鸡等特色农产品，以科技进步为支撑，以市场需求为导向，加快特色优势产业基地建设，积极发展物流加工，延伸完善产业链，做特泸州现代农业，使其成为泸州农业发展的支柱产业。

二、建设完备的物质装备体系，做实现代农业

加快推进农田基础设施、机械装备、防灾减灾等体系建设，为泸州现代农业建设提供强有力物质支撑，做实现代农业。

一是提升耕地质量。积极开展以调整田型、平整土地、增厚土层、培肥地力为重点的耕地质量建设，认真抓好高标准农田和基本口粮田建设，围绕建设目标和建设标准，抓好田间基础设施、地力建设、科技支撑、耕地质量监测。二是加强农田水利建设。强化农田水利基础设施建设。加快建设纳溪黄桷坝水库、合江锁口水库、叙永倒流河水库、古蔺观文水库等中型水利工程建设。新建一批小型水库和引提水工程，大力实施已成灌区续建配套和排灌泵站更新改造，大力发展节水灌溉工程，推广高效节水灌溉技术，加快"五小水利工程"建设。三是提

升农业机械化水平。在粮食、蔬菜、林果、茶叶、畜牧水产养殖等主导产业核心发展区内，主要生产环节全面实现机械化，结合优质稻基地建设，率先实现水稻生产全程机械化，综合农业机械化水平达70%以上。四是提升农业防灾减灾能力。加快农业防灾减灾体系和森林防火预警监测体系建设，建立健全应急处理指挥机构和工作机构，完善应急预案和防灾减灾技术方案，最大限度地减轻灾害损失。

三、完善农业科技支撑体系，做精现代农业

强化科技创新能力建设。开展先进农业科技引进消化吸收再创新，进一步提高泸州农业知识产权创造、应用、保护和管理能力，全面促进泸州农业科技进步。推动生物技术、信息技术、低碳技术等新型前沿科技在优质高效安全生产、农产品精深加工、农业生态环境保护等领域的运用。加强农业实用技术的组装配套，推广轻简化栽培技术，提高农业设施技术水平，提高农业生产效率。健全完善基层农技推广体系，加快农业先进适用技术推广应用步伐。

根据泸州现代农业产业布局，建设一批专业化、现代化的特色作物良种繁育基地和制种基地、畜禽原良种场和保种场、水产原良种场。培育一批育种能力强、技术先进、服务到位的"育繁推一体化"企业。积极创新现代种业管理与调控手段，加强市场监管和检疫工作，健全管理技术支撑体系，强化服务功能。

四、构建现代循环农业生产体系，做绿现代农业

统筹田间种养一体化布局，构建多层次循环的产业链体系，合理组合产业链内物质、能量的多层次循环利用，推进产业链商品在国内外市场的价值流运行，扩大产业链物质能量的大循环，实现各循环链条之间物质、能量、信息互通，资源共享，共生共荣。探索建设循环发展模式，将规模养殖场粪便转化为有机肥、将农作物秸秆转变为蘑菇种植原料，并引导业主施用生物肥料、生物农药，控制化学品投入，保护产地环境，实施无公害化生产、标准化作业、规模化经营。强化农业废弃物处理与利用，重点扶持规模化畜禽排泄物资源化利用和无害化处理等技术攻关和设施建设，减少农业系统的有害物质排放。

加快健全农业标准体系，建立覆盖生产、加工、流通全程的统一标准、操作规程和技术规范，积极推进"三品一标"基地建设。规划期末，主要农产品质量安全合格率稳定在98%以上，确保不发生重大农产品质量安全事件。

五、构建农产品加工物流体系，做强现代农业

加快推进农产品从单一产原料、卖原料和初级加工向精深加工转变，推进农产品加工物流体系建设，做强现代农业。

加快建设农业加工园区，围绕培育发展优势农产品加工主导产业，推进粮油、水果、蔬菜、中药材、茶叶、林竹和养殖等精深加工，增强加工园区对现代农业发展的辐射带动功能，切实提高农产品加工转化率、资源综合利用率和市场占有率。围绕壮大骨干龙头企业，着力打造一批具有完整产业链、较强竞争力和较高知名度的规模化、集团化行业领军企业，带动泸州市农产品加工业跨越式发展。规划期末，农产品加工转化率达到70%以上，二次加工率达到50%以上。农产品加工业与农业产值比重达到3：1。

依托成自泸赤高速公路潮河出口和边贸优势，建设以农副产品集散、加工、销售为一体的川滇黔渝加工物流中心。加强农产品流通市场基础设施建设，推进以批发市场、农贸市场为重点的公益性农产品流通设施建设，大力发展冷链运输。加快发展现代流通业态，构建以农批对接为主要渠道、以农超对接为发展方向、以直销直供为重要补充、以电子商务为探索趋势的农产品现代流通体系。

六、打造农产品品牌体系，做响现代农业

集中力量，整合农产品品牌，力争一个产业形成一个主打品牌，打造农产品品牌体系，培育"优"、扶持"强"、突出"好"、防止"乱"，使区域品牌、产业品牌、企业品牌之间相互促进，共同提升品牌核心竞争力，做响现代农业。

因地制宜筛选有优势、有特色、有规模的产品进行知名品牌重点培育，着力打造20个以上的省级和国家级农产品知名品牌。泸县、江阳区、龙马潭区要重点做响龙眼品牌；合江县要做响荔枝、真龙柚品牌；纳溪区、叙永县、古蔺县要做响茶叶品牌；江阳区、龙马潭区、合江县要做响外销蔬菜品牌。

积极开展无公害农产品、绿色食品、有机农产品和地理标志农产品认证工作，加强证后监管，全力抓好"三品一标"质量提升行动，保障其公信力。强化品牌宣传，提高产品知名度和美誉度，增强农产品市场竞争力。鼓励和支持龙头企业和专业合作社申请认定驰名、著名商标。

第六章　重点产业建设规划

按照总体定位和主要任务，规划期重点围绕八大主导特色产业现代化建设目标，谋划实施一批重大工程项目，突破最关键、最薄弱的瓶颈制约因素，全面夯实泸州市现代农业发展的物质基础。

一、精品果业

（一）建设目标

1. 总体目标

产业加速向优势区域集中，建成一批规模化种植、标准化生产、商品化处理、品牌化销售、产业化经营的精品果业基地，打造国内知名品牌。建成我国西部最具竞争力和品质最优的真龙柚和脐橙供应基地、国内领先水平晚熟荔枝和龙眼生产基地，泸州市名优水果面积达到 100 万亩以上，见表 6-1，带动户均增收万元以上。

表 6-1　精品果业 2025 年发展目标

作物	面积（万亩）	产量（万吨）	产值（亿元）
脐橙	25	30	24
真龙柚	30	45	45
荔枝	30	5	15
龙眼	30	10	10
合计	115	90	94

2. 阶段目标

（1）柑橘。

2014—2016 年，脐橙种植面积发展 1.7 万亩，总面积达到 16.7 万亩，总产量 6 万吨，总产值 4.8 亿元；真龙柚发展 16.5 万亩，总面积达到 30 万亩，总产量 6 万吨，总产值 7.2 亿元。建成设施完善、管理规范、效益高的脐橙和真龙柚标准化生产基地 5 万亩；果品采后商品化处理率 70%；果园良种比例达 95%。打造"赤水河"为省级知名品牌。基地基础设施得到完善，建成 3 个省级龙头柑橘企业。

2017—2020 年，脐橙种植面积发展 3.3 万亩，总面积达到 20 万亩，总产量 15 万吨，总产值 12 亿元；真龙柚总面积稳定在 30 万亩，总产量 20 万吨，总产值 20 亿元。建设脐橙和真龙柚标准化生产基地 8 万亩；果品采后商品化处理率 90%；果园良种比例达 98%。打造"赤水河"等为国家级知名品牌，建成 5 个省级龙头柑橘企业。

2021—2025 年，脐橙种植面积发展 5 万亩，总面积达到 25 万亩，年总产量 29 万吨，总产值 23.2 亿元；真龙柚总面积稳定在 30 万亩，年总产量 45 万吨，总产值 45 亿元。建成脐橙和真龙柚标准化生产基地 10 万亩；果品采后商品化处理率 100%；果园良种比例达 100%。打造"赤水河"等为国际知名柑橘品牌，建成 2 个国家级龙头柑橘企业，6 个省级龙头柑橘企业。

（2）荔枝。

2014—2016 年，总面积达 30 万亩，总产量 1.8 万吨，总产值 7.2 亿元。完成农业部热作标准园（500 亩）1 个、省级万亩标准示范园 3 个、县级标准示范园（200 亩）1 个和镇级标准示范基地建设（11 000 亩左右）11 个。

2017—2020 年，荔枝总面积稳定在 30 万亩，年产量 3 万吨，总产值 10.5 亿元。其中，示范基地的面积达到 5.5 万亩，旅游观光园面积达到 5.4 万亩。力争使合江晚熟荔枝产业化水平接近国内先进水平。早、中、迟熟品种比例由目前的 8.0：1.5：0.5 调整至 4.0：4.0：2.0，采后商品化处理率达 80%。

2021—2025 年，荔枝栽培面积稳定在 30 万亩左右，年产量达 5 万吨，总产值 15 亿元。其中，标准果园的面积达到 6 万亩，旅游观光园面积达到 6.0 万亩。采后商品化处理率达 90%，早、中、迟熟品种比例由 2020 年 4.0：4.0：2.0 调整至 3.5：4.0：2.5，科技贡献率、良种覆盖率、优质果品率明显提升。

（3）龙眼。

2014—2016 年，龙眼面积达到 27.6 万亩，产量 6.2 万吨，产值 6.2 亿元。建设龙眼标准化生产示范园 2 万亩，在龙眼主产县区各培育 1~2 个省级龙眼产业龙头企业，打造"泸州桂圆"为省级知名品牌，龙眼果品加工率达 20%，建设特色明显、类型多样、竞争力强的"一村一品"示范村 50 个。

2017—2020 年，龙眼面积达到 30 万亩，产量 8 万吨，产值 8 亿元。建设龙眼标准化生产示范园 3 万亩，早、中、晚熟品种比例由目前的 1：7.5：1.5 调整至 1.5：6：2.5，采后鲜果商品化处理率 70%。在龙眼主产乡镇各培育 1~2 个能够带动产加销一体化的省、市级龙头企业或专合社，打造"泸州桂圆"为国家级知名品牌，龙眼果品加工率达25%，建设"一村一品"示范村80个。

2021—2025年，龙眼面积稳定在30万亩，产量10万吨，产值10亿元，建设龙眼标准化生产示范园3.5万亩，早、中、晚熟品种比例调整至1.5∶4.5∶4，采后鲜果商品化处理率90%。在龙眼主产乡镇、村培育一批能够整体提升泸州龙眼产业化经营水平的龙头企业、专合社、家庭农场，巩固"泸州桂圆"等国家级知名品牌的地位，果品加工率达30%，建设"一村一品"示范村100个。

表6-2 精品果业阶段发展目标 （单位：万亩、万吨、亿元）

区（县）	发展指标		2014—2016年			2017—2020年				2025年
			2014	2015	2016	2017	2018	2019	2020	
合江县	真龙柚	面积	19.5	25.5	30	30	30	30	30	30
		产量	3	4	6	8.5	12	16	20	45
		产值	3.6	4.8	7.2	8.5	12	16	20	45
	荔枝	面积	30	30	30	30	30	30	30	30
		产量	1.4	1.5	1.8	2.1	2.4	2.7	3	5
		产值	5.6	6	7.2	8	9	10	10.5	15
泸县	龙眼	面积	15	16.7	17.6	18.2	18.9	19.5	20	20
		产量	3.4	3.45	3.6	4	4.5	4.75	5.0	6.7
		产值	3.4	3.45	3.6	4	4.5	4.75	5.0	6.7
江阳区	龙眼	面积	6	6	6	6	6	6	6	2
		产量	1.4	1.45	1.5	1.55	1.6	1.65	1.7	2
		产值	1.4	1.45	1.5	1.55	1.6	1.65	1.7	2
龙马潭区	龙眼	面积	4	4	4	4	4	4	4	4
		产量	1.0	1.05	1.1	1.15	1.2	1.25	1.3	1.3
		产值	1.0	1.05	1.1	1.15	1.2	1.25	1.3	1.3
古蔺县	脐橙	面积	9	9.5	10	10.6	11.2	11.6	12	16
		产量	3	3.5	4	5	6	8	9	16
		产值	2.4	2.8	3.2	4	4.8	6.4	7.2	15.36
叙永县	脐橙	面积	6	6.35	6.7	7.2	7.5	7.75	8	9
		产量	1.5	1.8	2	3	4	5	6	10.8
		产值	1.2	1.44	1.6	2.4	3.2	4	4.8	8.6
合计		面积	89.5	98.05	104	106	108	109	110	115
		产量	14.7	16.75	20	25.3	31.7	39.35	46	90
		产值	18.6	20.99	25.4	29.6	36.3	44.05	50.5	94

（二）建设路径

立足泸州生态和地理优势，以合江真龙柚、赤水河流域（古蔺县、叙永县）脐橙、合江荔枝以及泸县、江阳区、龙马潭区龙眼为规划重点，以国内外市场为导向，以适度规模、优质安全高效为原则，以"稳面积、提质量、抓配套、保增收"为目标任务，对现有果园进行现代化改造和品种结构调整，打造泸州精品果业。通过柑橘七大工程（真龙柚无病毒苗木繁育体系、授粉树品种配置展示园、老旧果园改造、新建标准果园、高标准示范园、采后商品化处理和乡村旅游）、荔枝六大工程（种业、老旧果园更新改造、新建标准园、高标准化示范园、物流市场体系和文化广场）、龙眼九大工程（龙头企业及合作社培育、良种繁育、生态旅游、老旧果园更新改造、新建标准园、高标准示范园、科技支撑、市场体系和深加工）的建设，全面提高泸州精品果业产业规模化、标准化、专业化、优质化、组织化和现代化水平，延长水果产业链和增加附加值，把泸州建设成为我国最具竞争力的优质真龙柚、脐橙及晚熟荔枝龙眼生产流通基地，打造国内外知名品牌，促进产业持续健康发展（图6-1）。

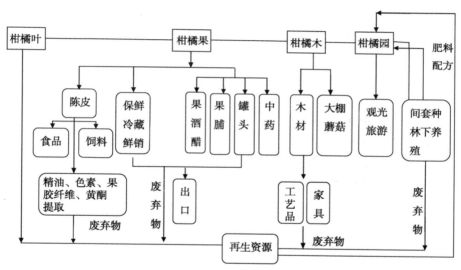

图6-1　柑橘产业链

（三）产业布局

泸州市精品水果总体上沿"两江（长江、沱江）、两河（赤水河、古蔺河）、三路（321国道、宜泸渝高速、成自泸赤高速）"呈带状分布。其中，真龙柚主产区布局在合江县赤水河流域、长江以北片和长江以南宜泸渝高速沿线；甜橙主产区布局在古蔺县境内的赤水河、古蔺河沿岸，叙永县沿赤水河流域河谷地区和321国道沿线；荔枝在合江县形成了"一区三带"的核心产业新布局，即三江核心示范区、宜泸渝高速路产业带、成自泸赤高速路佛尧路高标准果园产业带、福宝旅游快速通道高标准果园产业带；龙眼主要形成了泸县、江阳区、龙马潭区一县二区的沿江龙眼产业带，产业布局见表6-3。荔枝、龙眼产业链如图6-2所示。

表6-3 精品水果产业布局

品种	县区	重点乡镇
真龙柚	合江	密溪、先市、实录、合江、车辋、法王寺、虎头、白米、参宝、白沙、望龙、焦滩、佛荫、大桥、尧坝、榕山、白鹿
脐橙	古蔺	马蹄、水口、太平、永乐、马嘶、椒园、白泥、丹桂、石宝、土城、二郎
	叙永	赤水、水潦、石坝
荔枝	合江	三江核心示范区（包括合江、虎头、实录、密溪、凤鸣）；宜泸渝高速路产业带（包括合江、佛荫、大桥）；成自泸赤高速路佛尧路高标准果园产业带（包括尧坝、先市、二里）；福宝旅游快速通道高标准果园产业带（包括福宝、甘雨）及其他
龙眼	泸县	海潮、潮河、太伏、兆雅、云龙等
	江阳	弥陀、黄舣、华阳街道、张坝景区、泰安、方山、况场、通滩等
	龙马潭	金龙、胡市、特兴

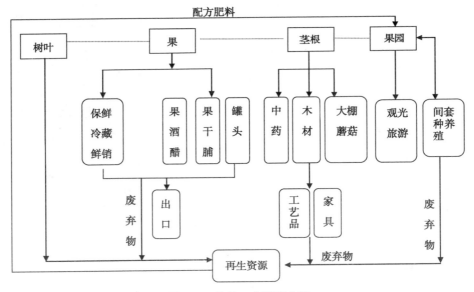

图6-2 荔枝、龙眼产业链

（四）建设项目

1. 种业工程

（1）真龙柚无病苗繁育体系。

实施地点：合江县田沙镇、密溪乡、先市、实录乡。

建设内容：种植准备（挖坑、施肥），种植、设施建设（道路、防虫大棚、肥水药一体化、实用机具）等。

建设规模：100亩，其中，授粉品种2亩和98亩的无病毒苗圃。

（2）荔枝种业基地。

实施地点：新品种引进观察园在江阳区泸州市农业科学研究院；优良品种展示和采穗园在合江县佛荫镇乘山村和合江镇柿子田村，由乘山荔枝专合社和柿子田荔枝专合社承担建设任务。

建设内容：新品种引进、设施建设（道路、肥水药一体化、实用机具）等，开展优良品种展示。

建设规模：150亩。

（3）龙眼良种繁育基地。

实施地点：引种园建在泸州市农科院和泸州市农业局经作站果树试验基地；品种示范园建在泸县、龙马潭区、江阳区，各县区在每个龙眼主产乡镇建100~200亩。品种示范园建设由各龙眼主产乡镇的龙头企业或专业合作社承担，市、县区给予扶持。

建设内容：重点推广龙眼优良品种，每个品种进行多点示范栽培，每个品种在各示范点种植面积不少于10亩。建设引种观察圃、良种采穗圃、嫁接苗圃、品种示范园基础设施，完善园地的道路、水利、土壤改良、水肥药一体化设施等，苗圃需要建设3000平方米的育苗大棚。

建设规模：150亩引种园，包括引种观察圃30亩、良种采穗圃70亩、嫁接苗圃50亩。1500亩品种示范园。

2. 标准化精品果业生产工程

（1）真龙柚标准化生产园。

实施地点：合江县密溪乡、大桥镇、白米镇、实录镇、白沙镇、先市镇为重点，共17个乡镇。

建设内容：优化改良柑橘品种，改造提升老果园，科学定植建设新果园。改善果园水利、道路等配套基础设施，配置水肥一体化设施及杀虫灯、黄板、扑食螨等设施，推广绿色防控技术，加强田间采收设施建设。

建设规模：改造真龙柚老旧果园10万亩。新建标准果园16.5万亩，高标准真龙柚示范园4000亩。

（2）脐橙标准化生产园。

实施地点：古蔺县马蹄、水口、太平、永乐为重点，此外包括马嘶、椒园、白泥、丹桂、石宝、土城、二郎等乡镇；叙永县赤水、水潦、石坝3个乡镇。

建设内容与规模：提升原有基地基础设施配套，改造脐橙果园10万亩。新建标准脐橙果园10万亩。高标准脐橙示范园2000亩。

（3）荔枝标准化生产园。

实施地点：合江县合江镇、虎头镇、实录乡、密溪乡、凤鸣镇、佛荫镇、大桥镇。

建设内容：提升原有基地基础设施配套，果园硬件和软件条件建设，果园道路的硬底化、果园水肥药一体化设施建设、产地果园生态条件的改造和产地水利、道路—主要产区道路扩（改）建，生产便道建设、产品认证和冷库建设等。

建设规模：改造荔枝果园 13.5 万亩。新发展荔枝果园 4.2 万亩，其中建设标准果园 4.2 万亩。

（4）龙眼标准化基地建设。

实施地点：泸县太伏、潮河、海潮，兆雅等；江阳区弥陀、黄舣镇；龙马潭区金龙、胡市和特兴。

建设内容：良种栽培与先进技术应用、田间道路、水利设施、土地整理、种苗、肥料等。

建设规模：通过良种改造龙眼果园 10 万亩。新发展龙眼 5.5 万亩，其中，建设标准果园 5.5 万亩。创建 35 个规模在 1 000 亩以上的标准化基地。

3. 现代农业科技支撑工程

（1）真龙柚授粉树品种配置展示园。

实施地点：合江县密溪乡、大桥镇、白米镇、实录镇、白沙镇和先市镇。

建设内容：通过高换改良提纯品种。种植准备（挖坑、施肥等），种植、设施建设（道路、水池、杀虫灯、灌溉等设施设备、实用机具）等。

建设规模：占地 9 000 亩，每 100 亩配置授粉品种 150 株。

（2）龙眼科技支撑体系。

实施地点：泸县。

建设内容：建立专家指导组，由泸州市热作中心牵头，聘请华南农业大学、福建农业科学院、四川农业科学院、泸州市农业科学院、主产区市县相关专家，组建省泸州市龙眼产业技术体系专家指导组，突破产业核心问题，提供产业及技术咨询。

建设规模：专家规模在 7~9 人，每年列出优先支持的 2~3 项攻关课题。

4. 果品采后处理及市场建设工程

（1）真龙柚采后商品化处理项目。

实施地点：合江县合江镇、佛荫镇。

建设内容与规模：建设清洗、打蜡、分级、贴标的自动化生产线两条，每条生产线配套建设简易通风库房 3 000 平方米，年处理果品能力 10 万吨以上。同时配置厂房 2 000 平方米、停车场 2 000 平方米。

（2）脐橙采后商品化处理项目。

实施地点：古蔺县、叙永县。

建设内容与规模：在古蔺、叙永各建 1 个自动清洗、打蜡、分级、贴标的自动化生产线，每条生产线配套建设简易通风库房 3 000 平方米，年处理果品能力 10 万吨以上。同时配置厂房 2 000 平方米、停车场 2 000 平方米。

（3）脐橙主产地批发市场建设项目。

实施地点：叙永县和古蔺县。

建设内容与规模：在古蔺县和叙永县各建设 1 个集分级、打蜡、包装、仓储等于一体规模在 300 亩左右的脐橙专业批发销售中心，负责本县产脐橙产品的果品流转。

（4）荔枝、真龙柚物流市场体系建设。

实施地点：合江县荔枝真龙柚主产镇。

建设内容与规模：采后商品化处理物流中心，主要建设和完善合江县采后商品化处理及物流中心和 11 个荔枝、真龙柚产区乡镇物流分中心，同时配备冷运设备设施。利用淘宝网、天猫等平台，开展电子商务。主产地批发市场在合江县城周边规划建设集洗选、分级、包装、冷藏、气调、仓储等于一体的，规模在 300 亩左右的荔枝、真龙柚专业批发销售中心，在荔枝、真龙柚主产的 11 个镇，各建一个规模在 30 亩左右的产地市场。

（5）龙眼深加工提升。

实施地点：泸县潮河镇、太伏镇。

建设内容与规模：建设龙眼深加工园区 1 个，具备储藏保鲜、分级包装及精深加工处理能力。采取分步建设，2014—2016 年建成年加工鲜果 0.3 万吨加工厂，2017—2020 年年加工鲜果达到 0.7 万吨，2021—2025 年年加工鲜果达到 1 万吨。

（6）龙眼市场体系建设。

实施地点：龙眼产业信息中心建在江阳区，同时在泸县、江阳区、龙马潭区建设产地批发市场。

建设内容与规模：一是建设直达乡村、农户的龙眼信息服务网络，提供方便、快捷、实用的农产品市场信息、农技咨询等服务；二是建设 4 个龙眼产地批发市场，方便果农销售和客商采购及处理，其中，泸县 2 个、江阳区 1 个、龙马潭区 1 个。

5. 主体培育及生态旅游工程

（1）龙眼龙头企业（合作社）培育工程。

实施地点：泸县、江阳区等具有一定规模与实力的企业（合作社）作为重点建设单位。

建设内容与规模：培育 2 个国家级龙头企业，3 个省（市）级龙头企业，5 个区（县）级龙头企业；在龙眼生产专业村和规模化乡扶持 50 个果农经济专业合作组织。

（2）龙眼生态旅游。

实施地点：泸县福集、潮河等。

建设内容与规模：重点打造"一园一节"，即龙眼主题庄园、龙眼文化节。主题庄园总体规划面积约为 2 平方千米，主题文化节为每年的 8—9 月，为期一周。

（3）荔枝品牌与文化推广。

实施地点：合江荔枝品牌培育工程在合江 11 个荔枝产区（镇乡），荔枝文化广场建设在合江县城中心广场。

实施内容与规模：合江荔枝品牌培育工程主要建设"带绿荔枝""绛纱兰荔枝""大红袍荔枝""坨缇荔枝"的原产地保护；制定品牌标准，品牌宣传和保护等，在包装材料选择和设计上均要突出合江荔枝文化和地方特色；分别在合江镇柿子田村和密溪乡建设一个荔枝古树保护点；合江荔枝文化广场占地面积约120 亩和"合江荔枝"塑像。

（4）真龙柚乡村旅游基地。

实施地点：合江县的密溪、大桥、白米、白沙乡（镇）。

建设内容与规模：打造采摘观光和农家乐休闲果园，果园总体规划面积约为2 000亩。加大宣传力度，开展生态有机真龙柚采摘和农家乐旅游活动，打造 5个精品真龙柚农家乐。

（五）投资估算

精品果业建设投资需求 27.07 亿元。其中，2014—2016 年 14.66 亿元，2017—2020 年 8.06 亿元，2021—2025 年 4.35 亿元，详见表6-4。

表6-4　精品果业产业投资概算　　　　　　　　（单位：万元）

项目名称	项目地点	2014—2016 年			2017—2020 年				2021—2025 年
		2014	2015	2016	2017	2018	2019	2020	
真龙柚无病毒苗木繁育体系			800	50	50	50	50	50	250
真龙柚授粉树品种配置展示园			6 600	50	50	50	50	50	250
老旧果园改造	合江县（真龙柚）	4 000	4 000	4 000	2 000	2 000	2 000	2 000	
新建标准果园		18 000	18 000	13 500					
高标准示范园			800	800					
商品化处理生产线			500		500				
乡村旅游基地		1 000	500	500	200	200	200	200	1 000

（续表）

项目名称	项目地点	2014—2016年			2017—2020年				2021—2025年
		2014	2015	2016	2017	2018	2019	2020	
新品种引进观察园	合江县（荔枝）		50						
优良品种展示和采穗园			100						
老旧果园更新改造		2 000	4 000	2 000	3 000	3 000	3 000	3 000	7 000
新建标准园		4 200	4 200	4 200					
国家级示范园		50	150	150	150				
省级示范园		2 000	2 000	2 000	2 000				
县级标准园			40		40				40
采后商品化处理物流中心		700	600	600	300	300	300		900
荔枝主产地批发市场		600	400	400	200	200	200		600
品牌培育工程			100		100				100
荔枝文化广场			600		300				300
老旧果园改造	古蔺县（脐橙）	1 000	1 000	1 000	2 000	2 000	2 000	2 000	
新建标准果园			1 500	1 500	1 800	1 800	1 200	1 200	12 000
高标准示范园			400		400				
商品化处理生产线		500			500				
批发市场					1 300				
老旧果园改造	叙永县（脐橙）	1 000	1 000	1 000	2 000	2 000	2 000	2 000	
新建标准果园			1 050	1 050	1 500	900	750	750	3 000
高标准示范园			400		400				
商品化处理生产线					500				
批发市场							1 300		
龙头企业	泸县（龙眼）		100	100	100	100			200
合作社			100	100	60	60	40	40	200
龙眼主题庄园			1 000	1 000	200	200	200	200	1 000
龙眼文化节		300	300	300	300	300	300	300	1500
老旧果园更新改造		2 000	500	500	2 000	2 000			4 000
新建标准园		2 000	2 800	3 000	2 000	2 000	1 000	700	1 500
标准化基地		1 000	1 000		1 000				1 000
专家指导组		500	500	500	500	500	500	500	2 500
重点课题		200	200	200	200	200	200	200	1 000
产地批发市场			200			200			
深加工			5 000		3 000				2 000

（续表）

项目名称	项目地点	2014—2016年			2017—2020年				2021—2025年
		2014	2015	2016	2017	2018	2019	2020	
龙头企业			100		100				
合作社			60	40	60	40			
老旧果园更新改造	阳区（龙眼）	1 000	500		1 000	1 000			1 000
新建标准园		0	0	0					
标准化基地		600	400		600	400			1 000
龙头企业					100				100
合作社			60	40	60	40			
老旧果园更新改造	龙马潭区（龙眼）	1 000	500		1 000	1 000			1 000
新建标准园		0	0	0					
标准化基地		400	400	200					
品种引种园	泸州农科所		200		50				50
品种示范园			500	500					
合计		43 650	63 710	39 280	30 620	21 540	15 290	13 190	43 490

二、高效林竹产业

（一）建设目标

按照绿色—循环—低碳经济发展要求，到2016年推动低效竹林的改造，引进竹产龙头企业，为将泸州竹产业打造成为川南名片打下坚实基础。到2020年，加大低产林改造和重组现有竹产企业，引入高新竹产企业，提高竹产业的多元性及稳定性，将竹产业打造成为川南乃至川滇黔渝核心腹地的品牌，实现竹产业的跨越式发展；到2025年争取把泸州市打造成为长江经济带乃至中国西南地区的竹产业强市之一，见表6-5。

2016年，全市改造低产竹林面积20万亩，新建竹林面积23.14万亩；拟建企业8家；竹业总产值预计达67.97亿元，出口创汇3.02亿美元，直接解决就业人口8.13万人；竹区农民收入人均增加约127元，工资性收入约887元，占农民人均纯收入的30.73%以上。

2020年，全市竹林面积达372.1万亩，其中，新增竹林面积51.52万亩；拟建企业11家；竹业总产值预计达217.17亿元，出口创汇9.62亿美元，直接解决就业人口25.96万人；竹区农民收入人均增加约307元，工资性收入约

2 148元，占农民人均纯收入的35.79%以上。

2025年，进一步加大竹林基地技改力度，实现竹产业绿色健康良性发展；拟建1家企业；预计竹业总产值337.82亿元，出口创汇14.94亿美元，直接解决就业人口40.31万人；竹区农民收入人均增加约500元，工资性收入约3 500元，占农民人均纯收入的40%以上。

表6-5　现代高效林竹产业发展目标

区（县）	类别	发展指标	2014—2016 年			2017—2020 年				2021—2025 年
			2014	2015	2016	2017	2018	2019	2020	
叙永县	竹林面积（万亩）	竹基地（个，规模万亩以上）	—	3	3	3	3	2	2	4
		低效竹林改造（万亩）	—	4.00	4.00	6.10	6.10	6.10	6.10	16.00
		新增竹林面积（万亩）	—	4.07	3.40	3.73	4.39	3.05	—	
		竹种苗繁育基地（万亩）	—	0.20	0.10	—	—	—		
	竹加工品	竹家具系列　产量（万件套）	—	—	50.00	—	—	—	—	—
		产值（亿元）	—	—	5.62	—	—	—	—	—
		竹木复合系列　产量（万平方米）	—	—	—	350.00	—	—	—	—
		产值（亿元）	—	—	—	6.25	—	—	—	—
		竹浆造纸系列　产量（万吨）	—	—	—	—	20.00	—	—	—
		产值（亿元）	—	—	—	—	15.15	—	—	—
		竹笋制品系列　产量（万吨）	—	—	—	—	10.00	—	—	—
		产值（亿元）	—	—	—	—	27.77	—	—	—
		竹饮制品系列　产量（万吨）	—	—	—	—	—	2.50	—	—
		产值（亿元）	—	—	—	—	—	6.69	—	—
		竹地热板系列　产量（万平方米）	—	—	—	—	—	—	200.00	—
		产值（亿元）	—	—	—	—	—	—	4.26	—
		竹纤维系列　产量（万吨）	—	—	—	—	—	—	—	5
		产值（亿元）	—	—	—	—	—	—	—	16.54
		竹胶合板系列　产量（万平方米）	—	—	—	—	—	—	—	180.00
		产值（亿元）	—	—	—	—	—	—	—	4.56
纳溪区	竹林面积（万亩）	竹基地（个，规模万亩以上）	—	3	2	2	2	2	2	3
		低效竹林改造（万亩）	—	2.7	2.7	4	4	4	4	11
		新增竹林面积（万亩）	—	2.04	2.06	2.43	2.34	2.49	—	—
		竹种苗繁育基地（万亩）	—	0.05	0.05	—	—	—		
	竹加工品	竹笋制品系列　产量（万吨）	—	6	—	—	—	—	—	—
		产值（亿元）	—	14.83	—	—	—	—	—	—
		竹胶合板系列　产量（万平方米）	—	—	—	50	—	—	—	—
		产值（亿元）	—	—	—	0.89	—	—	—	—
		竹编　产量（万套）	—	—	—	—	—	60	—	—
		产值（亿元）	—	—	—	—	—	8.03	—	—
		竹炭、竹醋等系列　产量（万吨）	—	—	—	5	—	—	—	—
		产值（亿元）	—	—	—	12.62	—	—	—	—

（续表）

区（县）	类别	发展指标		2014—2016 年			2017—2020 年				2021—2025
				2014	2015	2016	2017	2018	2019	2020	
合江县	竹林面积（万亩）	竹基地（个，规模万亩以上）		—	2	2	3	3	3	3	4
		低效竹林改造（万亩）		—	3	3	4.5	4.5	4.5	4.5	12
		新增竹林面积（万亩）		—	1.33	1.44	2.23	1.62	2.24	—	—
		竹种苗繁育基地（亩）		—	0.10	0.10	—	—	—	—	—
	竹加工品	竹炭（竹醋）系列	产量（万吨）	—	—	5	—	—	—	—	—
			产值（亿元）	—	—	11.24	—	—	—	—	—
		竹地板系列	产量（万平方米）	—	—	60	—	—	—	—	—
			产值（亿元）	—	—	1.01	—	—	—	—	—
		竹办公家具系列	产量（万件套）	—	—	—	50	—	—	—	—
			产值（亿元）	—	—	—	5.96	—	—	—	—
		竹饮制品系列	产量（万吨）	—	—	—	—	—	3	—	—
			产值（亿元）	—	—	—	—	—	8.03	—	—
		竹装饰板系列	产量（万件套）	—	—	—	—	—	—	50	—
			产值（亿元）	—	—	—	—	—	—	7.09	—
		竹笋制品系列	产量（万吨）	—	—	—	—	—	—	—	5
			产值（亿元）	—	—	—	—	—	—	—	16.54
		竹工艺品系列	产量（万件套）	—	—	—	50	—	—	30	—
			产值（亿元）	—	—	—	—	2.98	—	2.13	4.78
古蔺县	竹林面积（万亩）	竹基地（个，规模万亩以上）		—	1	1	—	—	—	—	—
		低效竹林改造（万亩）		—	0.3	0.3	0.4	0.4	0.4	0.4	1
		新增竹林面积（万亩）		—	2.3	2.2	2.1	1.98	—	—	—
	竹加工品	竹笋制品系列	产量（万吨）	—	—	—	—	4	—	—	—
			产值（亿元）	—	—	—	—	11.11	—	—	—

（二）建设路径

充分发挥地理区位、资源等优势，按照"区域化布局、规模化种植、基地化发展、综合高效化利用、体系化服务"的理念，以现有低产林改造为重点，以竹产品开发利用为龙头，开拓国内外市场，强化地方特色产品和地标产品的认证以及品牌打造，架构规模化竹产业集群，力推竹产业升级换代转型，逐步形成培育、加工、销售、服务一条龙的竹业新体系，做大做强有地方特色的现代高效竹产业，使之成为农业增效和竹农增收的重要主导产业，将泸州市竹产业打造成为长江经济带乃至川南综合效益显著的地方主导产业。

（三）产业布局

1. 竹林布局

根据资源分布现状、产业发展潜力与趋势，竹林重点布局在叙永县、纳溪区、合江县和古蔺县的 29 个乡镇（表 6-6），突出竹林基地建设。

表 6-6　泸州市竹林布局

区县	乡镇
叙永县	水尾、江门、向林、大石、马岭、龙凤、天池、兴隆、叙永、两河
纳溪区	护国、白节、天仙、大渡口、上马、打古、合面、丰乐、渠坝
合江县	福宝、凤鸣、九支、法王寺、五通、车辋、榕右、尧坝、甘雨
古蔺县	桂花

2. 竹加工布局

按照"三核+多点"的集群格局进行竹加工布局，见表 6-7。"三核"指以纳溪竹精深加工园区、合江榕山临港竹加工园区和叙永江门竹加工园区作为创新核心，"多点"是指周边广泛分布的向竹加工核心园区提供初级产品的小微企业，通过"三核+多点"互动形成竹产业集群效应，完善循环竹产业链，全面提升泸州市竹加工产品档次和竹产业竞争力。

纳溪区：打造新乐镇竹产业园区。规划期内，引入一家竹笋加工、一家竹炭、竹醋企业、一家竹地板和一家竹编企业等，同时加大竹文化旅游资源的开发。

合江县：打造合江榕山临港工业园区（或九支竹产业园区）。引入两家竹炭、竹醋、竹饮企业，一家竹笋企业、一家竹家具企业、一家竹地板企业、两家竹工艺品企业。

叙永县：打造提升叙永江门加工园区，加快叙永江门 20 万吨竹浆纸一体化项目建设，大力发展竹地板和竹笋企业，预期引入三家竹地板企业，一家竹家具企业，一家竹笋企业，一家竹纤维企业，一家竹饮企业。

古蔺县：除引进一家竹笋企业外，提升地方民族文化的竹旅游的开发力度。

表 6-7　泸州市竹加工布局

区县	年限	加工品类型	产量	园区
叙永县	2015	竹家具系列	50 万件套	江门镇竹加工园区
	2016	竹木复合板系列	350 万平方米	
	2017	竹笋系列	10 万吨	
	2018	竹饮制品系列	2.5 万吨	
	2019	竹地热板系列	200 万平方米	
	2020	竹纤维系列	5 万吨	
	2022	竹胶合板系列	180 万平方米	

（续表）

区县	年限	加工品类型	产量	园区
纳溪区	2015	竹笋制品系列	6万吨	新乐镇竹加工园区
	2016	竹地板系列	50万平方米	
	2017	竹炭、竹醋系列	5万吨	
	2018	竹编系列	60万件套	
合江县	2015	竹炭、竹醋系列	5万吨	榕山镇临港竹加工园区
	2015	竹胶合板系列	60万平方米	
	2016	竹办公家俱系列	50万件套	
	2016	竹伞、竹扇系列	50万件	
	2018	竹饮制品系列	3万吨	
	2019	竹装饰板系列	50万件套	
	2019	竹工艺品系列	30万件	
	2020	竹笋制品系列	5万吨	
古蔺县	2017	竹笋制品系列	4万吨	桂花乡

（四）建设项目

1. 标准化产业基地

（1）低效林改造和扩建。

实施地点：古蔺、叙永、纳溪和合江重点乡镇，见表6-6。

建设内容：新造竹林，改造竹林。

建设规模：新造高效竹林面积51.52万亩，改造低效竹林面积120万亩，其中重点区县古蔺县新增竹林面积8.58万亩，叙永18.7万亩，纳溪区11.37万亩，合江8.64万亩。

（2）笋用竹林基地建设。

实施地点：叙永县的水尾、龙凤、兴隆、合乐苗族、叙永、两河、落卜；纳溪区的白节、打古、护国、上马、渠坝；合江县的凤鸣、福宝、九支、尧坝、法王寺、五通；古蔺县的德耀、桂花和江阳区的方山、泰安、江北等，共23乡镇。

建设内容：建设笋用竹林基地。营造的竹种有苦竹、方竹、麻竹等。

建设规模：新建和改造低效笋用竹林基地面积31.12万亩，改造低效笋用竹林基地面积20万亩，新建竹林基地面积11.12万亩，其中，重点区县8.0万亩，见表6-8。

表 6-8　重点区县笋用竹林基地建设规划　　　　　　（单位：万亩）

| 区（县） | 2014—2016 年 | | 2017—2020 年 | | 2021—2025 年 | |
	改造	新增	改造	新增	改造	新增
叙永县	1.4	1.3	4	1.8	2.7	—
纳溪区	0.9	0.7	2.6	1.2	1.8	—
合江县	1.0	0.5	3.0	1.0	2.0	—
古蔺县	0.1	0.8	0.3	0.7	0.2	—
合计	3.4	3.3	9.9	4.7	6.7	—

（3）纸浆竹林基地。

实施地点：泸州市叙永县的马岭、向林、大石、天池、江门、兴隆、水尾、龙凤，纳溪区的上马、打古、合面、护国、新乐、棉花坡、渠坝、白节、大渡口、龙车、天仙 2 个区（县）共计 19 个乡（镇）。

建设内容：建设纸浆竹林基地。纸浆竹林基地发展应以丛生竹为主，散生竹为辅。主要营造的竹种主要有慈竹、硬头黄竹、绵竹、撑绿竹等。

建设规模：全市共新建和改造纸浆竹林基地面积 41.8 万亩，其中，改造低产竹林 30 万亩，新建竹林面积 11.8 万亩，全在重点区县，见表 6-9。

表 6-9　重点区县纸浆用竹林基地建设规划　　　　　　（单位：万亩）

| 区县 | 2014—2016 年 | | 2017—2020 年 | | 2021—2025 年 | |
	改造	新增	改造	新增	改造	新增
叙永县	2.0	1.9	6.1	2.8	4.0	—
纳溪区	1.4	1.0	4.0	1.8	2.8	—
合江县	1.5	0.7	4.5	1.5	3.0	—
古蔺县	0.2	1.1	0.3	1.0	0.2	—
合计	5.1	4.7	14.9	7.1	10	—

（4）材用竹林基地。

实施地点：叙永县后山镇等 12 个乡镇，纳溪区护国镇等 3 个乡镇，合江县合江镇等 18 个乡镇，古蔺县永乐镇等 8 个乡镇。

建设内容：新建和改造建设材用竹林基地，主要营造竹种主要有毛竹、绵竹、硬头黄竹和慈竹等。

建设规模：建设材用竹林基地面积 70.7 万亩，新建面积 20.7 万亩，其中，重点区县 19.7 万亩，改造低产竹林 50 万亩，区县建设规模见表 6-10。

表 6-10　重点区县材用竹林基地建设规划　　　　　（单位：万亩）

区县	2014—2016 年		2017—2020 年		2021—2025 年	
	改造	新增	改造	新增	改造	新增
叙永县	3.3	3.1	10.2	4.7	6.7	—
纳溪区	2.2	1.7	6.7	3.0	4.6	—
合江县	2.5	1.2	7.5	2.4	5.0	—
古蔺县	0.2	1.9	0.7	1.7	0.4	—
合计	8.2	7.9	25.1	11.8	16.7	—

（5）笋材两用竹林基地。

实施地点：叙永县的水尾、龙凤、兴隆、合乐苗族、叙永、两河、落卜；纳溪区的白节、打古、护国、上马、渠坝；合江县的白米、密溪、大桥、佛荫、凤鸣、白鹿；古蔺县的德耀、桂花和江阳区的方山、泰安、江北 5 个区县的 23 个乡镇。

建设内容：建设笋材两用竹林基地，主要营造的竹种有毛竹、绵竹（梁山慈竹）等。

建设规模：新建和改造笋材两用竹林基地面积 27.9 万亩，新建笋材两用竹林基地面积 7.9 万亩，全在重点区县，改造低产林 20 万亩，见表 6-11。

表 6-11　重点区县笋材两用竹林基地建设规划　　　　（单位：万亩）

区县	2014—2016 年		2017—2020 年		2021—2025 年	
	改造	新增	改造	新增	改造	新增
叙永县	1.3	1.3	4.1	1.9	2.6	—
纳溪区	0.9	0.7	2.7	1.2	1.8	—
合江县	1	0.4	3	1	2	—
古蔺县	0.1	0.7	0.3	0.7	0.2	—
合计	3.3	3.1	10.1	4.8	6.6	—

2. 竹种苗木繁育

实施地点：叙永县的水尾、江门、向林、大石，纳溪区的白节，合江县的福宝 3 个区县的 6 个乡镇。

建设内容与规模：建设竹苗繁育基地。全市繁育基地新建设规模 6 000 亩。其中叙永县 3 000 亩，纳溪区 1 000 亩，合江县 2 000 亩。

3. 竹区道路建设

实施地点：古蔺、叙永、纳溪和合江重点乡镇，见表 6-6。

建设内容与规模：建设竹区公路 1 197 千米，其中，2014—2016 年新建公路

357 千米；2017—2020 年新建 358 千米；2021—2025 年新建 482 千米。重点发展区（县）1 004 千米，2014—2016 年新建竹区公路 241 千米；2017—2020 年新建 337 千米；2021—2025 年新建 426 千米。

4. 竹产业科技示范园区

实施地点：叙永县水尾。

建设内容：设施工程示范区、林下经济推广实验区、木竹混交实验区、科研培训管理区、竹笋和竹材丰产示范区、高科含量竹产品生产加工示范区、网络平台展示区等。

建设规模：园区占地 3 000 亩。

5. 竹文化建设

实施地点：纳溪区白节。

建设内容：建设内容要求含有生产、研发、应用、体验、文化展示、商贸流通、科普教育和旅游观光等功能区，竹文化博物馆、竹酒文化博物馆一个、竹工艺博物馆、竹种园各 1 个。

建设规模：占地 1 000 亩。

6. 竹产企业加工园区

实施地点：纳溪区新乐、叙永县江门、合江县榕山、纳溪区桂花。

建设内容：主要引进技术先进，生产低碳环保生态型产品为主的大中型企业。建设内容涉及竹笋制品、竹浆造纸、竹家具/竹装饰品、竹炭和竹饮制品、竹纤维、竹工艺品等产品。

建设规模：2014—2016 年新增竹笋加工产量为 6 万吨，2017—2020 年新增竹笋加工产量为 14 万吨，2021—2025 年新增竹笋加工产量为 5 万吨，2021—2025 新增竹纤维产量 5 万吨。2014—2016 新增竹炭、竹饮产量 5 万吨，2017—2020 年新增产量为 10.5 万吨；竹家具：2014—2016 年新增产量为 50 万件套，2017—2020 年新增产量为 160 万件套。竹工艺品 2017—2020 年新增产量为 80 万件（套）；竹地板：2014—2016 年新增产量为 60 万平方米，2017—2020 年新增产量为 600 万平方米，2021—2025 年新增产量为 180 万平方米。

7. 现代物流园区

实施地点：纳溪区新乐。

建设内容：园区建设主要包括仓储区、展示展销区、集装箱区、包装作业区、转运区、配送区、综合服务区等功能区。

建设规模：300 亩。

（五）投资估算

现代高效竹产业需要投资 49.33 亿元。其中，2014—2016 年 15.9 亿元，

2017—2020 年 28.1 亿元，2021—2025 年 5.33 亿元，详见表 6-12。

表 6-12 现代高效林竹产业投资概算 （单位：万元）

项目名称	项目地点	2014—2016 年			2017—2020 年				2021—2025 年
		2014	2015	2016	2017	2018	2019	2020	
竹种苗木繁育	叙永、合江		250	350					
笋用竹林基地	叙永、合江、古蔺		3 232	3 264	1 900	1 900	1 900	2 020	2 680
纸浆竹林基地	叙永、纳溪		2 800	3 000	2 900	2 900	2 900	2 940	4 000
材用竹林基地	叙永、纳溪、古蔺		5 200	5 200	4 800	4 800	4 800	5 080	6 680
笋材两用竹林基地	叙永、古蔺		2 000	1 800	1 900	1 900	1 900	2 180	2 640
竹产业科技示范园区	叙永	2 000	2 000	1 000	2 500	2 500	2 500	2 500	
竹文化建设	纳溪	3 000	3 000	2 000	2 500	2 500	2 500	2 500	
竹产企业加工园区	纳溪		47 300	50 900	57 900	33 900	30 200	71 600	22 800
现代物流园区	纳溪	4 000	3 000	3 000	2 500	2 500	2 500	2 500	
竹林道路	纳溪、叙永、合江、古蔺		5 670	5 040	2 820	3 060	2 190	2 670	14 460
合计		9 000	74 452	75 554	79 720	55 960	51 390	93 990	53 260

三、绿色蔬菜产业

（一）建设目标

1. 总体目标

以标准园和示范区建设为中心，加强技术引进和技术攻关，突出春提早、山区绿色蔬菜优势，发展规模化、集约化、循环友好型的生产模式。建立蔬菜产业标准化生产体系和产品质量安全监管体系，推进蔬菜产品质量安全基地准出和市场准入。积极开展无公害农产品、绿色食品、有机食品和地理标志产品认证工作，到 2025 年实现绿色基地认证占 20%，绿色和有机产品认证 20 个，地理标志产品认证 6 个。积极培育具有国内市场影响力的龙头企业 5~10 家，做大做强"泸州长江大地菜蔬"和"高山错季蔬菜"品牌，打造泸州"菜篮子"精品化，实现泸州长江大地菜产业"全省领先""川南典范""中国知名"的目标。

2. 阶段目标

2016 年，通过对全市老菜地的升级改造和新菜地的建设，全市蔬菜种植面积达到 100 万亩，其中产业基地面积达到 41 万亩，产量达到 240 万吨，实现产值 55 亿元。发展食用菌生产 3 850 万袋，实现产值 2.7 亿元。重点打造 2 个万亩现代蔬菜示范区和标准园，建立适合丘陵、山区蔬菜产业发展的特有模式，推进蔬菜产品质量安全监管体系、主要蔬菜作物生产标准体系、产品检验检测体系建设。获得绿色和有机产品认证各 3 个，地理标志认证 2 个。扶持 5~6 家现代蔬菜种植企业，引进和培育 20 家蔬菜加工企业，蔬菜加工率达到 15% 以上。加强全市蔬菜市场流通设施和流通体系建设，做响"泸州长江大地菜"品牌，实现泸州长江大地菜产业"全省领先"。

2020 年，通过全市蔬菜基地升级改造和新菜地的扩建，全市蔬菜种植面积达到 115 万亩，其中产业基地面积达到 50 万亩，产量达到 275 万吨，实现产值 75 亿元。发展食用菌生产 6 400 万袋，实现产值 4.5 亿元。再打造 2 个现代蔬菜标准园，全面推进蔬菜产品质量安全监管体系、主要蔬菜作物生产标准体系、产品检验检测体系，覆盖率达到 100% 以上，实现全市蔬菜基地绿色认证 15%，有机基地认证占 5%，申请绿色和有机产品认证各 3 个，地理标志产品认证 2 个。组建泸州市蔬菜种植企业联盟，做大"泸州长江大地菜"品牌。培育有市场影响力的 7~8 家现代蔬菜种植企业，培育年加工蔬菜 20 万吨的加工龙头企业 3~5 家，蔬菜加工率达到 20%。完善全市蔬菜市场流通设施和体系建设，实现产地到市场、市场到餐桌无缝对接，成为现代蔬菜产业"川南典范"。

2025 年，适度提升和扩建蔬菜种植基地规模，全市蔬菜种植面积达到 130 万亩，其中产业基地面积达到 55 万亩，产量达到 300 万吨，重点提升全市蔬菜产品品质和效益，延长产业链，实现总产值 100 亿元。发展食用菌生产 1 亿袋，实现产值 7 亿元。重点打造现代精品菜园，全面推广蔬菜标准化生产体系，蔬菜产品质量安全监管体系、产品检验检测和追溯体系，实现全市蔬菜基地绿色认证 20%，有机认证达到 10%。申请绿色和有机产品认证各 4 个，地理标识产品认证 2 个。培育有市场影响力的 10 家现代蔬菜种植企业，培育年加工蔬菜 50 万吨的加工龙头企业 1~2 家，蔬菜加工率达到 25%。实现泸州长江大地菜产业产、供、加、销全产业链发展，建成"泸州长江大地菜"全国知名品牌（表 6-13）。

表 6-13　蔬菜产业发展目标

（单位：万亩、万吨、万袋、亿元）

区（县）	发展指标	2014—2016 年			2017—2020 年				2025 年
		2014	2015	2016	2017	2018	2019	2020	
江阳区	种植面积	15.80	16.90	18.45	18.45	18.45	18.45	18.45	18.45
	产量	38.30	40.45	42.65	43.00	43.30	43.60	44.00	44.00
	产值	10.30	11.25	12.00	12.72	13.30	14.96	14.50	16.50

（续表）

区（县）	发展指标	2014—2016年			2017—2020年				2025年
		2014	2015	2016	2017	2018	2019	2020	
龙马潭区	种植面积	4.60	4.50	4.20	4.20	4.20	4.10	4.10	4.00
	产量	9.00	8.90	8.80	8.90	8.90	9.00	9.00	9.00
	食用菌			250	300	330	370	400	500
	产值	2.60	2.80	3.00	3.20	3.30	3.40	3.50	4.00
纳溪区	种植面积	11.00	10.80	10.50	10.20	10.50	10.70	11.00	11.00
	产量	22.50	23.40	24.27	24.70	25.20	25.70	26.00	26.00
	食用菌			300	350	400	450	500	1 000
	产值	4.80	5.20	5.50	5.50	5.80	6.00	6.50	8.00
泸县	种植面积	18.00	19.00	20.00	21.00	22.50	23.50	25.00	29.00
	产量	61.80	65.60	69.07	72.52	75.14	78.89	81.50	92.00
	食用菌			800	900	1 100	1 300	1 500	3 000
	产值	12.58	13.25	14.00	14.75	15.50	16.30	17.00	23.00
合江县	种植面积	15.95	16.47	17.00	18.12	19.22	20.35	21.50	29.00
	产量	34.70	36.80	39.30	41.27	43.22	45.19	47.16	54.20
	产值	8.65	9.80	11.00	12.00	13.00	14.00	15.00	23.00
叙永县	种植面积	19.24	19.62	20.00	20.50	21.00	21.50	22.00	24.00
	产量	19.25	20.40	22.15	23.49	24.81	26.14	27.50	32.45
	食用菌			2 500	2 800	3 200	3 600	4 000	5 500
	产值	5.85	6.67	7.50	8.28	9.06	9.83	10.60	14.50
古蔺县	种植面积	9.70	9.80	10.00	10.75	11.50	12.25	13.00	15.00
	产量	30.48	32.30	33.93	35.44	36.94	38.45	40.03	42.80
	产值	5.80	6.40	7.00	7.30	7.60	7.90	8.30	11.00
合计	种植面积	94.29	97.09	100.15	103.22	107.37	110.85	115.05	130.45
	产量	216.03	227.85	240.17	249.32	257.51	266.97	275.19	300.45
	食用菌			3 850	4 350	5 030	5 720	6 400	10 000
	产值	50.58	55.37	60.00	63.75	67.56	72.39	75.40	100.00

（二）建设路径

以项目为抓手，以科技服务为支撑，以基地建设为对象，以产品质量为保证，以市场开拓为动力，重点打造"泸州长江大地蔬菜"和"高山错季蔬菜"品牌，加快现代蔬菜产业建设，培育新型产业综合体，促进农民增收，确保长江经济带和成渝经济区"菜篮子"的需求，成为美丽乡村建设和现代休闲农业发展的重要支撑，努力推进泸州农业农村经济跨越式发展。

1. 做强精品

长江经济带和成渝经济区的发展，必然对蔬菜品质提出更高要求，泸州必须抓住这一契机在适宜地区发展绿色生态蔬菜及食用菌产品，以及"新、奇、特、名、优"产品。利用沿江地区的消落地光照强，土壤病原菌少，丘陵山区天然的优势生态条件，结合美丽乡村和现代休闲农业的发展，打造一批具有区域竞争力的绿色生态蔬菜和食用菌产品，实现泸州"菜篮子"工程精品化、品牌化、高效化目标。

2. 创新思路

规模小、组织分散、品牌影响力小，成为泸州长江大地菜产业做强做大的重要制约因素。必须加大对农业产业化龙头企业、农民专合社的引进、扶持、培育力度，积极稳妥推进农村土地流转和适度规模经营，用新思路、新机制拓宽蔬菜产业发展道路，实现产品多样化、精品化、加工化，满足不同层次市场需求，确保龙头企业、专合社以及种植大户的收益，实现农民稳步增收。

（三）产业布局

根据泸州交通、水源、地势、土壤类型、产业基础、生产力水平、劳动力资源状况等综合因素，结合城市总体发展规划，按照环境友好型、资源节约型、生态安全型发展理念，着力打造沿江精品早春蔬菜基地、丘陵精细蔬菜基地、山区绿色蔬菜生产基地、加工蔬菜基地以及食用菌生产基地，见表6-14。

表6-14　绿色蔬菜产业布局

布局带	所在县区	重点乡镇	2025年规模（万亩、万袋）
沿江精品早春蔬菜基地	江阳区	华阳、方山、况场、江北、通滩、黄舣、弥陀	4.68
	龙马潭区	特兴、金龙、胡市、长安	1.0
	纳溪区	新乐、大渡口	1.5
	泸县	福集、得胜、嘉明、喻寺、方洞、太伏、兆雅、海潮、牛滩、云龙、百和、立石	8
	合江县	合江、大桥、先市、实录、九支、白米、白沙、榕山、白鹿	7
丘陵精细蔬菜生产基地	江阳区	分水岭、黄舣、弥陀、通滩、方山、江北、泰安、石寨、况场	12.02
	龙马潭区	特兴、长安、石洞、金龙、胡市、双加	3.0
	纳溪区	天仙、白节、丰乐、龙车、护国	3.0
	泸县	得胜、太伏、兆雅、云锦、福集、嘉明、方洞、云龙、立石、奇峰、毗卢、牛滩、潮河、天兴	17
	合江县	密溪、大桥、先市、虎头、白米、白鹿	15
山区绿色蔬菜生产基地	纳溪区	打古、白节、护国	1
	合江县	福宝、自怀	4
	叙永县	麻城、营山、合乐、叙永、正东、摩尼、分水、黄坭、观兴、枧槽、兴隆	10
	古蔺县	古蔺、东新、护家、鱼化、双沙、箭竹、丹桂、大寨、大村	12

（续表）

布局带	所在县区	重点乡镇	2025 年规模 （万亩、万袋）
加工蔬菜 生产基地	江阳区	分水、况场、泰安、江北、方山、通滩、丹林、石寨等	1.75
	纳溪区	白节、丰乐	1
	泸县	嘉明、太伏、兆雅、云锦、牛滩、得胜、云龙、喻寺	4
	合江县	大桥、先市、九支、白鹿	3
	叙永县	麻城、摩尼、营山、观兴、江门、马岭	4
食用菌生 产基地	叙永县	叙永、麻城	5 000
	泸县	嘉明、喻寺、福集、天兴、潮河、云龙、玄滩	3 000
	纳溪区	大渡口、合面、护国、上马、打古、白节、丰乐	1 000
	龙马潭区	安宁、胡市、石洞、双加、特兴、长安	400

（四）建设项目

1. 蔬菜生产基地建设工程

（1）沿江精品早春蔬菜基地。

实施地点：江阳区、龙马潭区、纳溪区、泸县、合江县。

建设内容：发展露地精品蔬菜和大棚设施精品蔬菜，其中，大棚设施包括小拱棚（临时）、简易竹木大棚（临时）和钢管大棚。

建设规模：种植面积 22.18 万亩，设施面积 11.5 万亩（表 6-15）。

表 6-15　沿江精品春提早蔬菜基地建设规模　　（单位：万亩）

区/县	2016 年		2020 年		2025 年	
	种植面积	设施面积	种植面积	设施面积	种植面积	设施面积
江阳区	4.68	3.5	4.68	3.7	4.68	4
龙马潭区	0.5	0.3	1	0.5	1	0.5
纳溪区	1.5	0.3	1.5	0.5	1.5	1
泸县	6	0.3	8	0.6	8	1
合江县	4	3	5	4	7	5
小计	16.68	7.4	20.18	9.3	22.18	11.5

（2）丘陵精细蔬菜生产基地。

实施地点：江阳区、龙马潭区、纳溪区、泸县、合江县。

建设内容：发展现代设施大棚栽培以及规模化种植基地。

建设规模：种植面积 50.02 万亩，设施面积 11 万亩（表 6-16）。

表 6-16　丘陵精细蔬菜生产基地建设规模　　　　　　　（单位：万亩）

区/县	2016 年		2020 年		2025 年	
	种植面积	设施面积	种植面积	设施面积	种植面积	设施面积
江阳区	12.02	2	12.02	4	12.02	4
龙马潭区	3	0.5	3	1	3	1
纳溪区	1.5	0.5	2	1	3	1
泸县	12	0.5	14	1	17	2
合江县	8	1	10	2	15	3
小计	36.52	4.5	41.02	9	50.02	11

（3）山区绿色蔬菜生产基地。

实施地点：叙永县、古蔺县。

建设内容：发展大棚设施栽培，种植错季蔬菜，发展绿色、有机等高端蔬菜产品。

建设规模：种植面积 27 万亩，设施面积 8 万亩（表 6-17）。

表 6-17　山区绿色蔬菜生产基地建设规模　　　　　　　（单位：万亩）

区/县	2016 年		2020 年		2025 年	
	种植面积	设施面积	种植面积	设施面积	种植面积	设施面积
纳溪区	0.2	0	0.5	0	1	0
合江县	2	0.5	4	1	4	1
叙永县	8	2	9	3	10	4
古蔺县	8	1	10	2	12	3
小计	18.2	3.5	23.5	6	27	8

（4）加工蔬菜生产基地。

实施地点：江阳区、泸县、合江县。

建设内容：选用适于加工、耐贮运、高密植、高质量的专用品种进行栽培，发展机械化、规模化和集约化的栽培模式。

建设规模：种植面积 13.75 万亩（表 6-18）。

表 6-18　加工蔬菜生产基地建设规模　　　　　　　（单位：万亩）

区/县	2016 年		2020 年		2025 年	
	种植面积	设施面积	种植面积	设施面积	种植面积	设施面积
江阳区	1.75	0	1.75	0	1.75	0
纳溪区	0.2	0	0.5	0	1	0
泸县	2	0	3	0	4	0
合江县	1	0	2	0	3	0

（续表）

区/县	2016 年		2020 年		2025 年	
	种植面积	设施面积	种植面积	设施面积	种植面积	设施面积
叙永县	2	0	3	0	4	0
小计	6.95	0	10.25	0	13.75	0

（5）食用菌生产基地。

实施地点：叙永县、泸县、纳溪区、龙马潭区。

建设内容：发展食用菌露地栽培和大棚栽培模式，按照绿色、有机种植标准，种植黑木耳、香菇以及地方珍稀野生菌等。

建设规模：种植袋数 1 亿袋，设施袋数 0.71 亿袋（表6-19）。

表6-19　食用菌生产基地建设规模　　（单位：万袋）

区/县	2016 年		2020 年		2025 年	
	种植袋数	设施袋数	种植袋数	设施袋数	种植袋数	设施袋数
叙永县	2 500	2 000	4 000	3 000	5 500	4 000
泸县	800	600	1 500	1 000	3 000	2 000
纳溪区	300	200	500	400	1 000	800
龙马潭区	250	150	400	300	500	300
小计	3 850	2 950	6 400	4 700	10 000	7100

2. 新型经营主体培育与质量安全工程

（1）新型经营主体培育。

实施地点：结合蔬菜科技示范园及标准化生产基地建设，培育蔬菜种植经营龙头企业和专业合作社。结合泸州市农产品加工物流园建设，培育带动全市蔬菜产业发展的加工龙头企业。加大对本地龙头企业和专业合作社的扶持力度，同时加强外地优秀企业的引进。

建设内容：重点在土地流转、基地建设、农技服务、市场流通、产品检验、产品推介、品牌建设等各方面给予扶持，加强产品质量监管。

建设规模：培育种植规模达到 1 万亩以上的龙头企业 3~5 家，培育种植规模达到 2 000亩的专业合作社 20 个。

（2）蔬菜产品质量安全监管体系建设。

实施地点：结合其他产业共同实施，在各个标准化生产基地、主要蔬菜种植区域以及农产品加工物流园。

建设内容与规模：建立泸州市蔬菜产品质量安全检验检测体系，即以江阳区蔬菜产品质量安全检测中心为核心建立检测中心、检测站（快速检测室）的二级检测体系。建立蔬菜产品质量安全追溯体系，即建立质量信息终端，田间档案、电子档案和生产过程电子监控系统；开展产品包装和标识，实行产品编码和产品标签管理，建立有效的"产地准出"和"市场准入"制度。重点乡镇建立蔬菜产品质量安全全程监控与现代化网络信息系统，形成蔬菜产品质量安全追溯系统。

（五）投资估算

绿色蔬菜产业建设投资需求 39.2 亿元。其中，2014—2016 年 12.98 亿元，2017—2020 年 15.96 亿元，2021—2025 年 10.26 亿元，见表6-20。

表6-20　绿色蔬菜产业投资概算　　　　　（单位：万元）

项目名称	项目地点	2014—2016 年			2017—2020 年				2021—2025 年
		2014	2015	2016	2017	2018	2019	2020	
国家现代农业（蔬菜）示范园	江阳区	2 000	1 000	1 000					
沿江精品春提早蔬菜基地		2 000	2 000	2 000	500	500	500	500	4 000
丘陵精细蔬菜生产基地		6 000	6 000	8 000	8 000	8 000	8 000	8 000	
加工蔬菜生产基地		200	200	100	50	50	50	50	200
丘陵特色蔬菜标准园	龙马潭区			1 000	1 000	1 000	1 000		
沿江精品春提早蔬菜基地		600	600	800	700	600	600	600	
丘陵精细蔬菜生产基地		300	400	300	2 000	2 000	2 000	2 000	
食用菌生产基地			100	100	50	50	50	50	150
沿江精品春提早蔬菜基地	纳溪区					1 000	1 000	1 000	
丘陵精细蔬菜生产基地			500	500	500	500	500	500	3 000
山区绿色蔬菜生产基地		2 000	3 000	3 000	2 000	2 000	2 000	2 000	1 000
加工蔬菜生产基地				200	100	100	50	50	500
食用菌生产基地			100	100	100	100	50	50	500
丘陵绿色蔬菜标准园			150	150	50	50	50	50	450

（续表）

项目名称	项目地点	2014—2016 年			2017—2020 年				2021—2025 年
		2014	2015	2016	2017	2018	2019	2020	
新型粮经复合产业园				500	500	500	500		
沿江精品春提早蔬菜基地	泸县	1 000	1 000	1 000	500	500	500	500	1 000
丘陵精细蔬菜生产基地		1 000	2 000	2 000	800	800	700	700	5 000
加工蔬菜生产基地			1 000	1 000	300	300	200	200	1 000
食用菌生产基地		200	300	300	200	200	100	100	1 400
沿江精品早春蔬菜标准园			1 000	2 000	2 000	1 000			
沿江精品春提早蔬菜基地	合江县	2 000	2 000	2 000	4 000	4 000	4 000	3 000	15 000
丘陵精细蔬菜生产基地		4 000	6 000	5 000	5 000	4 000	4 000	4 000	23 000
山区绿色蔬菜生产基地		2 000	4 000	3 000	2 000	2 000	2 000	2 000	2 000
加工蔬菜生产基地		200	400	400	300	300	200	200	1 000
山区蔬菜和食用菌标准园						1 000	1 000		3 000
山区绿色蔬菜生产基地	叙永县	4 000	6 000	6 000	4 000	4 000	4 000	4 000	16 000
加工蔬菜生产基地		500	700	800	300	300	200	200	1 000
食用菌生产基地		600	700	700	400	400	300	300	1 400
山区绿色蔬菜生产基地	古蔺县	2 000	4 000	4 000	4 000	4 000	4 000	4 000	16 000
蔬菜新型经营主体培育		700	700	700	600	600	600	600	3 000
现代蔬菜加工企业培育	其他	1 000	1 500	1 500	1 000	1 000	1 000	1 000	3 000
蔬菜产品质量安全检测体系		1 000	1 000	1 000	1 000	500	500		
蔬菜产品质量安全追溯体系			500	500	400	300	300		
合计		33 300	46 850	49 650	42 350	40 650	39 950	36 650	102 600

四、特色经作产业

（一）建设目标

1. 总体目标

（1）茶产业目标。

紧抓四川打造"千亿茶产业"的发展机遇，加快推进泸州市茶产业体系建设，通过名优茶品牌提升战略和大宗茶精深加工引进工程，做精、做大、做强茶产业，将泸州建设成为西南特早茶核心生产区、成渝有机茶产业引领核心区。到2025年，实现整体种植基地50万亩、有机认证茶园2万亩，综合总产值160亿元的目标。

（2）中药材目标。

紧抓泸州积极培育医药战略新兴产业发展、打造养生保健城的机遇，以泸州医药产业园区、医药产业技术服务平台为带动，通过泸县、合江、古蔺、叙永等中药种植区的建设，将泸州建设成川产道地中药材研发生产重点区域。到2025年，实现整体种植基地54万亩，农业种植效益24亿元，综合总产值50亿元的目标。

2. 阶段目标

各区（县）分年度的具体发展目标见表6-21和表6-22。

表6-21　泸州茶产业发展目标　（单位：万亩、万吨、亿元）

区（县）	发展指标	2014—2016年			2017—2020年				2021—2025年
		2014	2015	2016	2017	2018	2019	2020	
纳溪区	种植面积（万亩）	24	27	30	30	30	30	30	30
	产量（万吨）	1.16	1.37	1.67	1.84	2.02	2.22	2.44	2.69
	产值（亿元）	18.6	25.1	30.7	63.2	72.7	83.5	100.1	110.1
叙永县	种植面积（万亩）	5.00	5.80	6.60	7.60	8.60	9.60	10.60	14.00
	产量（万吨）	0.23	0.29	0.37	0.47	0.58	0.71	0.86	1.25
	产值（亿元）	3.7	4.9	6.2	12.7	16.7	21.6	27.6	37.1
古蔺县	种植面积（万亩）	2.60	2.80	3.00	3.40	3.80	4.20	4.70	6.45
	产量（万吨）	0.12	0.14	0.16	0.20	0.25	0.30	0.37	0.56
	产值（亿元）	1.9	2.3	2.7	5.2	6.5	8.2	10.4	13.1
合计	种植面积（万亩）	31.6	35.6	39.6	41	42.4	43.8	45.3	50.45
	产量（万吨）	1.51	1.80	2.20	2.50	2.85	3.23	3.68	4.50
	产值（亿元）	24.1	32.4	39.6	81.0	95.9	113.3	138.1	160.4

表 6-22 泸州中药材产业发展目标　　　　（单位：万亩、亿元）

区（县）	发展指标	2014—2016 年			2017—2020 年				2021—2025 年
		2014	2015	2016	2017	2018	2019	2020	
泸县	种植面积（万亩）	2.1	2.5	3	3.5	4.5	5.2	6.5	10
	产值（亿元）	0.9	1.1	1.4	1.6	2.1	2.4	3	5.1
古蔺县	种植面积（万亩）	8.4	9.7	10.7	11.9	13.1	14.3	15.6	21.2
	产值（亿元）	1.6	1.9	2.6	5	5.4	5.8	6.1	9.1
叙永县	种植面积（万亩）	3.4	3.9	4.4	5.2	6.1	7	7.9	13.4
	产值（亿元）	1.0	1.1	1.2	1.5	1.8	2.2	2.6	4.7
合江县	种植面积（万亩）	3.3	4.2	5	6	7	8.5	10	10
	产值（亿元）	0.9	1.6	2.1	2.8	3.3	4.1	4.9	5.1
合计	种植面积（万亩）	17.2	20.3	23.1	26.6	30.7	35	40	54.6
	产值（亿元）	4.4	5.7	7.3	10.9	12.6	14.5	16.6	24.0

（二）建设路径

1. 茶产业

立足泸州独特区位、生态优势，借鉴"西湖龙井""信阳毛尖"等国内绿茶产业发展的好机制、好模式、好经验、好做法，以市场需求为导向，以品牌建设为主线，以培育龙头企业为主体，以科技人才为支撑，坚持"突出特早、挖掘大宗、提升品质、发展品牌"的发展思路，以纳溪区、南部山区为双核心，狠抓绿色有机生态茶园建设；充分发挥注重提升产业科技内涵，改进加工工艺，拉长茶叶产业链，整合树立"泸州特早茶"品牌形象；大力扶持和引进龙头企业，鼓励多种形式的茶产业组织形式；深度挖掘泸州茶文化，发展茶主题旅游产业，使茶产业成为泸州农民增收、农业转型的特色支柱产业。

2. 中药材产业

以市场为导向，以科技为支撑，以企业为主体，以农业增效、农民增收为目标，深度挖掘泸州道地中药材资源潜力，坚持政府扶持、企业运行，因地制宜、彰显特色，突出重点、形成体系，按照"扩规模、调结构、突特色、强标准、拓功能"的总体发展思路，推进中药材种植、加工、研发和营销规范化、标准化进程，以园区、基地建设为载体，扩大中药材产业规模，培育和引进龙头企业，加强产学研合作，构建结构优化、质量效益高、带动能力强的现代中药材产业体系。

（三）产业布局

依托泸州茶业和中药材发展基础和各区县主导产业发展导向，进行产业布局。

1. 茶产业布局

茶产业布局总体规划为"一核三区多节点"。

"一核"是位于纳溪区天仙镇、护国镇、渠坝镇的茶产业加工园区，是特早茶龙头企业培育和引进集聚区，同时也是特早茶营销展示中心所在地。

"三区"是优势区标准化生产片区，包括纳溪特早茶产业区，叙永名优绿茶种植区和古蔺名优绿茶种植区，见表6-23。

"多节点"是以茶为主题休闲观光旅游，见表6-24。

表6-23　泸州市茶叶种植布局

区域	重点乡镇	辐射乡镇	2025年规模（万亩）
纳溪特早茶产业区	护国、大渡口、天仙、上马、打古、白节、渠坝、合面、棉花坡	—	30
叙永名优绿茶种植区	后山、叙永	江门、龙凤、向林、大石、合乐苗族、天池、两河、兴隆、水尾、白腊苗族、枧槽苗族、马岭、摩尼、震东、分水岭、黄坭、麻城	14
古蔺名优绿茶种植区	马嘶、德耀	古蔺、水口、石宝、双沙、大村、丹桂、桂花、金星、观文、椒园、马蹄、箭竹苗族、护家、鱼化、黄荆、白泥、龙山、大寨苗族	6

表6-24　茶休闲旅游节点主题

序号	节点	产品特色	依托茶园面积（亩）	依托重点项目
1	石桥镇	发展茶园生态采摘、观光	2 000	泸县十大旅游开发区之一道林沟灌区
2	法王寺	将佛教文化和茶文化融于一体，开发集茶叶观光、休闲度假、文化展示于一体的旅游环线	1 000	凤凰山法王寺风景区
3	护国镇	茶文化观光体验	78 000	护国梅岭茶庄
4	白节镇	有机茶观光、采摘体验	26 000	白节有机茶庄
5	天仙镇	以浪漫神话传说打造茶主题体验观光	50 000	天仙茶溪谷
6	大石乡	茶马古道徒步游	7 000	茶马古道重点文物项目

2. 中药材产业布局

中药材产业布局采取"两园四片"方式布局，见表6-25。

"两园"是泸县福集泸州市医药园区和合江中药材加工产业园，是加工研发中心。

"四片"是指泸县特色中药材种植片区、合江金钗石斛特色种植片区、古蔺县特色中药材种植片区、叙永特色中药材种植基地。

表6-25 泸州市中药材布局

区域	所在镇（乡）	主要发展品种	总体规模
泸县特色中药材种植片区	云锦、得胜、百和、福集、石桥、立石	赶黄草、白芷、车前草等	10万亩
合江金钗石斛特色种植片区	合江福宝、自怀、先滩、石龙、南滩、榕山、榕右、凤鸣、车辋、实录、五通、九支、尧坝	金钗石斛、百合、川白芍、杜仲等	10万亩
古蔺县特色中药材种植片区	古蔺箭竹、大寨、桂花、黄荆、德耀、古蔺、双沙、观文、鱼化、龙山、金星、石宝、水口、永乐、大村、东新	赶黄草、芍药、黄栀子、金银花、百合、油用牡丹等	21万亩
叙永特色中药材种植片区	水尾、叙永、合乐苗族、白腊苗族、麻城、两河、黄坭、震东、后山、分水岭、枧槽苗族、摩尼、观兴、大安林场、半边山林场、乔田林场等	黄精、薄荷、重楼、黄连、紫苏、杜仲等	13万亩

（四）建设项目

1. 生产基地建设工程

（1）茶叶无性系等良种繁育。

实施地点：叙永县名优绿茶良繁基地——叙永镇红岩、宝元村；纳溪特早茶良繁基地——纳溪护国梅岭村；牛皮茶特色繁育基地——古蔺德耀双凤村。

建设内容：遮阳网棚、土地平整、道路、灌溉设施、土壤改良等基础设施费用，农机具、仪器设备购置、优质茶品种引进。

建设规模：建设3座良种繁育基地，总建设规模1 850亩。

（2）道地中药材良种繁育。

建设地点：泸县骑龙寺村中药材种子种苗繁育基地（云锦镇骑龙寺村）、古蔺桂花乡赶黄草种苗繁育基地（古蔺桂花乡）、泸州凤鸣金钗石斛种苗基地（合江县凤鸣镇）、叙永县奠山黄连重楼种苗基地四个项目（半边山林场奠山林区）。

建设规模与内容：泸县骑龙寺村中药材种子种苗繁育基地占地200亩，年育苗8 000万株；泸州凤鸣金钗石斛种苗基地占地面积200亩，年育苗5 000万株；古蔺桂花乡赶黄草种苗繁育基地占地350亩，建成后达到年育苗6 500万株；叙永县奠山黄连、重楼种苗基地占地面积300亩，建成后达到年育苗30 000万株。建设内容为：土地平整、道路、灌溉设施、土壤改良等田间工程，优质品种引进工程，离体组织培养中心。

（3）川产道地药材种质资源圃。

实施地点：古蔺县桂花乡。

建设规模与内容：总建设规模200亩，包括种质资源圃50亩、种源繁育基地150亩，收集赶黄草、石斛、黄姜、黄栀子、重楼、黄精等泸州野生和历史上实现人工栽培的道地中药材，并重点开展中药材种质资源收集、保存工作。

（4）纳溪现代特早茶产业基地。

实施地点：纳溪区护国、大渡口、天仙、上马、打古、白节、渠坝、合面、棉花坡。

建设内容与规模：新建高标准、规范化特早茶园9万亩，其中，有机茶区包括白节0.6万亩和上马1.25万亩；绿色特早茶区包括护国1.8万亩，大渡口1.95万亩，天仙1.0万亩，打古1.2万亩，渠坝0.6万亩，合面0.3万亩，棉花坡0.3万亩；改造老旧茶园18万亩。建成后，纳溪将实现全区特早茶产业基地30万亩的规模。

（5）古蔺名优绿茶种植基地。

实施地点：德耀、马嘶。

建设内容：老化茶园品种置换和基础设施完善等；新茶园开垦、茶苗引进、土壤改良；幼龄抚育；农机具购置；公路、耕作道路、生产便道等园区道路和水池、沟渠等水利设施建设工程。

建设规模：在德耀、马嘶等乡镇发展以牛皮茶为代表的名优绿茶基地3.9万亩，改造老茶园2.55万亩，总面积达到6.45万亩的名优绿茶核心生产基地。建成后古蔺将基本完成茶产品结构的置换，有机认证基地整体达到1.4万亩。

（6）叙永名优绿茶种植基地。

实施地点：叙永县叙永镇、后山镇、向林乡。

建设内容：土地平整改良工程，便道、蓄水池、沟渠等基础设施建设工程、茶树品种引进栽培等。

建设规模：新建优质绿茶基地9.8万亩，改造原有相对集中茶园2.5万亩，项目完成后，叙永县整体绿茶面积达到14万亩。

（7）古蔺道地中药材种植基地。

实施地点：箭竹、大寨、桂花、黄荆、德耀、古蔺、双沙、观文、鱼化、龙山、金星、石宝、水口、永乐、大村、东新等乡镇。

建设内容：土地平整改良工程、灌排沟渠建设等基础设施建设工程、品种引进栽培等。牡丹、芍药、金银花等品种建设内容为蓄水池、便道、滴灌等基础设施建设，种植栽培及抚育工程等。

建设规模：建设21万亩中药材基地，其中，赶黄草5万亩，油用牡丹5万亩，其他11万亩。

（8）合江金钗石斛标准化种植基地。

实施地点：福宝、大漕河，先滩、自怀、石龙、南滩、榕右、凤鸣、车辋、五通、九支等乡镇。

建设内容：土地平整改良工程、灌排沟渠建设等基础设施建设工程、品种引进栽培等。

建设规模：发展6万亩标准化金钗石斛种植基地，发展百合、川白芍等其他品种4万亩。

（9）泸县道地中药材种植基地。

实施地点：云锦、得胜、百和、石桥、立石等乡镇。

建设内容：土地平整、土壤培肥改良工程、灌排沟渠、道路灯基础设施建设工程、品种引进栽培等。

建设规模：总建设规模10万亩，赶黄草3万亩，白芷4.5万亩，车前草2万亩，其他0.5万亩。

（10）叙永道地中药材种植基地。

实施地点：叙永镇、合乐、麻城、麽坭、营山、观兴、后山、正东、分水岭、黄坭、两河、白腊、水潦、石坝、赤水、水尾等乡镇及大安林场、半边山林场、乔田林场。

建设内容：深挖土地、平整改良工程、灌排沟渠、蓄水池、便道、滴灌建设等基础设施建设工程、品种引进栽培等。

建设规模：新建黄连、重楼、黄精、天麻等种植规模10.5万亩。

2. 采后处理和深加工体系建设工程

（1）茶产品初加工厂。

建设地点：纳溪区、叙永县、古蔺县、合江县。

建设内容与规模：新引进茶叶初加工厂30个；引进名优茶清洁化加工生产线10条，出口茶生产线1条。

（2）纳溪茶产业加工园区。

建设地点：纳溪护国镇

建设内容与规模：园区拟引进2家年产值20亿以上大型茶产品精加工企业入园，政府为园区提供土地平整、道路、水、电、燃气等基础设施建设。

3. 品牌培育及市场营销体系建设工程

（1）茶产品产地交易市场。

建设地点：纳溪护国镇，叙永赤水镇。

建设内容与规模：以展出泸州特色茶产品、加快产品流通为目标，具体建设内容包括茶产品展示交易大厅、交易店铺、物流运转库房、信息化处理中心等组成，建成后将成为泸州特色茶产品对外展示和信息化联通的重要节点。

（2）展销体系建设。

一是茶产业展销门店。

建设地点：全国主要城市。

建设内容与规模：以茶叶产业生产龙头企业为主体，建设网络电子平台和实体门店立体化展销网点。在全国范围内建设纳溪特早茶展销门店70个；以经销商和连锁经营模式构建全国茶叶展销网络。

二是体验茶庄。

建设地点：纳溪护国镇、天仙镇、白节镇。

建设内容与规模：以纳溪特早茶生产基地为核心，建设纳溪特早茶庄 12 个，预计投资 40 000 万元。

三是网络电子平台。

建设地点：纳溪护国镇。

建设内容与规模：由政府相关部门牵头，建立中国特早茶交易网，作为以纳溪特早茶为主打品牌的中国特早茶交易网站。

（五）投资估算

特色经作产业建设投资需求 65.04 亿元。其中，2014—2016 年 24.64 亿元，2017—2020 年 27.49 亿元，2021—2025 年 12.91 亿元，见表 6-26。

表 6-26　特色经作产业投资估算　　　　　　（单位：万元）

项目名称	项目地点	2014—2016 年			2017—2020 年				2021—2025 年
		2014	2015	2016	2017	2018	2019	2020	
茶叶无性系良种繁育基地	纳溪	805							
	叙永		595						
	古蔺		90						
标准化生产基地	纳溪	39 706	39 706	39 706					
	叙永	7 320	7 320	7 560	9 210	9 210	9 210	8 970	28 050
	古蔺	1 498	2 750	3 110	4 780	4 780	4 780	5 435	14 612
采后处理和深加工体系建设工程	纳溪		650	4 850	11 220	9 480			
	叙永				1 650				2 040
	古蔺						1 020		560
品牌培育及市场营销	纳溪	350	8 100	13 750	10 200	10 000	10 000		
	叙永		150	200	2 500	2 500			
	古蔺		200	300	250				
小计		49 679	59 561	69 476	39 810	35 970	25 010	14 405	45 262
川产道地药材种质资源圃	古蔺	175	300	150	150	150	150	0	0
道地中药材良种繁育基地	泸县	300	800	600	0	0	0	0	0
	合江	350	550	300	0	0	0	0	0
	古蔺	300	1 000	0	0	0	0	0	0
	叙永	150	250	250	200	150	0	0	0

（续表）

项目名称	项目地点	2014—2016 年			2017—2020 年				2021—2025 年
		2014	2015	2016	2017	2018	2019	2020	
GAP 种植基地	泸县	1 600	2 800	4 000	2 510	2 305	2 305	2 305	7 875
	合江	6 670	7 890	7 890	6 210	6 210	6 210	6 220	
	古蔺	8 260	9 470	9 470	9 835	9 835	9 835	9 835	39 660
	叙永	1 370	1 370	1 370	2 740	2 740	2 740	4 110	12 330
中药材加工园	泸县	0	0	0	0	20 000	15 000	0	8 000
	合江	0	0	0	0	15 000	10 000	0	8 000
	江阳	0	0	0	0	8 000	5 000	0	8 000
小计		19 175	24 430	24 030	21 645	64 390	51 240	22 470	83 865
合计		68 854	83 991	93 506	61 455	100 360	76 250	36 875	129 127

五、优质粮食产业

（一）建设目标

1. 总体目标

（1）优质稻。

2014—2025 年每年种植中高档优质稻（国标颁三级米以上）200 万亩。其中，2014 年国标二级米"川优 6203、旌优 127、宜香 2115"等杂交优质稻和特种米罗沙稻 8 万亩；2015 年国标二级米和特种米罗沙稻 10 万亩；2016 年达到 13 万亩，2017 年达到 15 万亩，2018 年达到 18 万亩，2019 年达到 20 万亩，2020 年达到 23 万亩，2021 年达到 25 万亩，2022 年达 26 万亩，2023 年达到 28 万亩，2024 年达到 30 万亩，2025 年达到 35 万亩。中档优质稻主要推广杂交优质稻品种"川香、宜香、内香"系列品种。发展 3 000 亩以上规模的优质稻谷定订单生产基地 180 个。水稻机械化生产率 70%、稻田有效灌溉面积达 80%；保留再生稻 80 万亩，稻茬其他模式 40 万亩，杂交中稻——再生稻每亩增收节支 300 元，年新增总收益 3.6 亿元。

（2）酿酒高粱。

以沱江、长江流域和赤水河流域为酿酒高粱基地建设重点；推广良种、良法、良制配套，提高单产水平和种植效益；创新产业化运作机制，实现可持续发展。到 2015 年，全市高粱种植面积达到 75 万亩，蓄留再生高粱 25 万亩，总产

33 万吨，总产值 21.3 亿元；常规良种与杂交种搭配，杂交高粱推广面积达到高粱种植面积 50%以上；按照无公害、绿色食品、有机农产品三个层次的高粱生产技术规范和产品标准组织生产，实现常规糯高粱亩产 300 千克，杂交糯高粱两季亩产 800 千克的产量目标。

2. 阶段目标

优质粮食产业发展阶段目标见表 6-27。

表 6-27　粮食产业发展目标

产业	2016 年	2020 年	2025 年
水稻	建新高标准稻田 40 万亩，订单生产基地 30 个，实现水稻机械化 80 万亩，新增有效灌溉面积 30 万亩。每亩增收节支 400 元	建新高标准稻田 40 万亩，订单生产基地 50 个，实现水稻机械化 160 万亩，新增有效灌溉面积 70 万亩。每亩增收节支 350 元	建新高标准稻田 30 万亩，订单生产基地 70 个，实现水稻机械化 220 万亩，新增有效灌溉面积 100 万亩。每亩增收节支 300 元
高粱	新建高标准高粱基地 5 万亩，高粱种植面积达到 40 万亩，蓄留再生高粱 10 万亩；常规良种与杂交种搭配，杂交高粱推广面积达到高粱种植面积 30%以上；实现常规糯高粱亩产 280 千克，杂交糯高粱两季亩产 820 千克的产量目标	新建高标准高粱基地 10 万亩，高粱种植面积达到 50 万亩，蓄留再生高粱 15 万亩；常规良种与杂交种搭配，杂交高粱推广面积达到高粱种植面积 40%以上；实现常规糯高粱亩产 300 千克，杂交糯高粱两季亩产 800 千克的产量目标	新建高标准高粱基地 15 万亩，高粱种植面积达到 75 万亩，蓄留再生高粱 25 万亩；常规良种与杂交种搭配，杂交高粱推广面积达到高粱种植面积 50%以上；实现常规糯高粱亩产 300 千克，杂交糯高粱两季亩产 780 千克的产量目标

（二）建设路径

按照推动现代农业发展的总体要求，以优质、高产、高效、安全、生态为目标，着力提高优质粮生产规模化、集约化、标准化、商品化为发展方向，围绕"产业发展、企业增效、农民增收"这一主线，以科学规划为引领，以"泸州老窖现代农业科技园区"等农业科技园区建设为示范和依托，做大做强优质粮产业，到 2025 年把优质稻产业建设成为全国一流的、西南地区最主要的研发、生产核心基地之一，把酿酒高粱产业建设成为"中国白酒金三角"酿酒高粱产业基地的核心区域，成为全国一流的、南方酿酒高粱研发、制种、交易中心。

（三）产业布局

1. 水稻

水稻区域布局包括优质稻和"中稻—再生稻"种植两部分，均位于长江河谷和赤水河流域，涉及泸县、合江县、纳溪区、龙马潭区、江阳区、叙永县、古蔺县的 80 个乡镇。

（1）发展优质稻 200 万亩。

规划发展优质稻 200 万亩，以江阳区、纳溪区和龙马潭区为核心区，面积 51 万亩，泸县、合江、古蔺和叙永为辐射区，面积 149 万亩，见表 6-28。

表 6-28 优质稻区域布局

区（县）	乡镇	面积（万亩）		
		核心区	辐射区	小计
江阳区	江北、丹林、黄舣、弥陀、况场、方山、分水岭、石寨、通滩	17.9	2.1	20
纳溪区	新乐、大渡口、护国、上马、天仙、白节	15.8	10.2	26
龙马潭区	特兴、金龙、胡市、长安	4	1	5
泸县	嘉明、喻寺、方洞、石桥、毗卢、玄滩、福集、奇峰、力石、天兴、牛滩、得胜、云龙、云锦、百和、太伏、兆雅、潮河、海潮	0	57	57
合江县	密溪、白米、参宝、二里、实录、虎头、合江、先市、白沙、榕山、白鹿、九支、凤鸣、望龙、佛荫、尧坝、五通、大桥、车辋	0	52	52
叙永县	白腊、叙永镇、龙凤、天池、两河、落卜	0	25	25
古蔺县	双沙、德跃、古蔺、永乐	0	15	15
	合计	37.7	162.3	200

（2）发展"中稻—再生稻"模式种植 85 万亩。

在海拔 240~380 米的泸县、合江、纳溪、龙马潭、江阳 5 个县区的 64 个镇（乡）发展适宜机械化的"中稻—再生稻"种植模式 85 万亩。其中，江阳区、纳溪区和龙马潭区 25 万亩为核心区，泸县、合江、叙永的 60 万亩为辐射区，见表 6-29。目标是在机插、机收条件下通过对适宜机收再生稻技术的创新，稳定泸州粮食总产。

表 6-29 "中稻再生稻"区域布局

区（县）	重点乡镇	规模（万亩）
江阳区	江北、丹林、黄舣、弥陀、况场、方山、分水岭、石寨、通滩	10
龙马潭区	特兴、金龙、胡市、长安、双加、石洞、鱼塘、特兴、长安	5
纳溪区	新乐、大渡口、护国、上马、天仙、白节、打古、合面、丰乐、棉花坡、渠坝、龙车	10
泸县	兆雅、太伏、福集、牛滩、潮河、海潮、得胜、云龙、嘉明、喻寺、方洞、立石、天兴、云锦	35
合江县	大桥、佛荫、白沙、望龙、合江、虎头、先市、密溪、实录、白米、参宝、焦滩、二里、实录、虎头、合江、榕山、白鹿、凤鸣、尧坝	20
叙永县	叙永、江门、马岭、天池、水尾、向林、大石、兴隆、龙凤	5
合计		85

2. 高粱

要充分利用本地优势高粱资源，在三线（泸隆路、泸合路、泸宜路三条公路沿线）、三流域（沿沱江、长江河谷浅丘地区和沿赤水河谷流域）集中连片发展酿酒专用高粱基地，稳定原料生产，抓好酿酒工业"第一车间"。

以江阳区、龙马潭区、纳溪区为优质粮生产核心区，共 20 个乡镇，面积 16 万亩；辐射区包括泸县、合江县、叙永县、古蔺县的 51 个乡镇，面积 59 万亩，见表 6-30。

表　6-30　高粱区域布局

区（县）	重点乡镇	规模（万亩）
江阳区	江北、丹林、黄舣、弥陀、况场、方山、分水岭、石寨、通滩	10
龙马潭区	特兴、金龙、胡市、长安、双加	9
纳溪区	新乐、大渡口、护国、上马、天仙、白节	12
泸县	得胜、云龙、潮河、牛滩、海潮、天兴、嘉明、兆雅、奇峰、喻寺、兆雅、方洞、太伏、福集、	10
合江县	大桥、佛荫、白沙、望龙、合江、虎头、先市、密溪、实录、尧坝、五通、法王寺	11
叙永	叙永、两河、落卜、后山、兴隆、龙凤、震东、黄尼、营山、观兴、白腊	11
古蔺	二郎、太平、永乐、土城、大村、东新、石屏、椒园、马蹄、丹桂、水口、石宝、白泥、护家	12
合计		75

（四）建设项目

1. 标准化生产基地建设工程

（1）高标准稻田建设。

实施地点：水稻主产区。

建设内容：根据地形地貌选择成片集中的稻田建设，每片面积 100 亩以上。在清理现有稻田灌溉系统基础上，按每 2~3 万亩新建 1 个一级提灌站、3~5 个二级提灌站。共建一级提灌站 30 个、二级提灌站 120 个，此外包括机耕道等。

建设规模：200 万亩。

（2）订单生产基地建设。

实施地点：水稻主产区。

建设内容：泸县、合江、龙马潭、江阳、纳溪平坝、浅丘区，在选用优质稻基础上，稳定中稻—再生稻模式；叙永、古蔺种植一季优质稻或有机稻，开展基地建设。

建设规模：每个订单生产基地 3 000 亩以上，共 54 万亩，占全市水稻面积的四分之一。

（3）高粱标准化产业生产基地项目。

实施地点：石寨、通滩、胡市、金龙、黄舣、弥陀。

建设内容：调整田型、修建田网、路网、渠网，蓄水池等，改造中低产田；2014—2016 年建成泸州老窖现代农业示范区 1 万亩和泸州老窖有机高粱标准化示范区（石寨、通滩、胡市、金龙、海潮）3 万亩；2017—2025 年每年建成高粱高产高效栽培标准化生产示范区 3 万亩。

建设规模：30 万亩。

2. 科技支撑工程

（1）技术的集成与创新。

实施地点：江阳区分水岭、弥陀。

建设内容："杂交中稻—再生稻"种植模式的机插机收配套技术研究与示范区。

建设规模：1.3 万亩。

（2）高粱产业种业培育项目。

实施地点：龙马潭区、江阳区高粱主产区。

建设内容：常规种繁育基地 400 亩，供 10 万千克种子生产能力；杂交糯高粱种子繁育基地 400 亩，供 10 万千克种子生产能力。

建设规模：800 亩。

（3）产业科技示范园项目。

实施地点：江阳区黄舣、弥陀、大渡口。

建设内容：以泸州老窖现代农业示范园区为依托，围绕高粱产前、产中、产后，建立泸州酿酒高粱研发中心、制种中心、推广中心、交易中心和标准化种植示范中心。并以该中心为依托，辐射带动全市高粱种植水平的提高，最终形成酿酒高粱研发、制种、交易中心。

建设规模：2 000 亩。

（4）产品质量安全项目。

实施地点：江阳区黄舣、弥陀。

建设内容：研究制定高粱生产技术规程，加强对高粱基地土壤质量状况的监测、加强对进入流通市场的高粱的质量监测等，确保原料产品质量安全。

（五）投资估算

优质粮食产业建设投资需求 20.4 亿元。其中，2014—2016 年 13.98 亿元，

2017—2020 年 4.22 亿元, 2021—2025 年 2.2 亿元, 见表 6-31。

表 6-31　优质粮食产业投资概算　　　　　　（单位：万元）

项目名称	项目地点	2014—2016 年			2017—2020 年				2021—2025 年
		2014	2015	2016	2017	2018	2019	2020	
高标准稻田建设	泸县、合江、龙马潭、江阳、纳溪	30 000	30 000	20 000	9 000	5 000	4 000	2 000	20 000
订单生产基地建设	泸县、合江、龙马潭、江阳、纳溪	8 000	10 000	5 000	2 000	1 000	1 000	1 000	2 000
技术的集成与创新	江阳	3 000	5 000	5 000	2 000	1 000	2 000	2 000	
高粱标准化产业生产基地项目	江阳、龙马潭	2 000	3 000	3 000	2 000	2 000	2 000		
产业种业培育项目	江阳、龙马潭	200	300	300	100	100			
产业科技示范园项目	江阳、合江	5 000	6 000	3 000	1 000	1 000	1 000	1 000	
产品质量安全项目	江阳	300	500	200					
	合计	48 500	54 800	36 500	16 100	10 100	10 000	6 000	22 000

六、现代养殖产业

（一）建设目标

1. 总体目标

（1）畜牧业。

经过规划实施，推动泸州优质饲草料种植与加工业发展，奠定现代畜牧产业的饲料资源基础；促进畜禽养殖结构日趋合理和产业集聚，逐步形成北猪南牛羊区域布局、林下鸡和丫杈猪特色养殖的优势产业带；加快畜禽种业发展速度，提高养、繁、育的专业技术水平和管理水平，以良种促升级，以良种促增效；推动加工企业不断提高精深加工水平，并抢占重庆、成都、北京、上海等大城市高端市场。通过延伸完善产业链条，大幅提升养殖业核心竞争力；不断优化配置资金、土地、技术、管理等生产要素，逐渐使产业发挥出规模效应和产业集聚效应，使泸州市畜牧业走上健康、高效、可持续发展之路。

（2）水产业。

通过推进水产健康生态养殖、发展粮经复合稻田养鱼、发展优质特色水产品养殖、提高良种覆盖率、加强水产技术服务、加快培育水产专业合作组织、完善水产流通体系、提升渔业设施装备水平等措施，奠定泸州市现代渔业的基础。经过规划实施，使泸州市的水产业发展速度高于全国平均水平，缩小与先进地区的差距。

2.阶段目标

（1）畜牧业。

通过本规划的实施，到2025年，全市生猪年出栏460万头，其中特色丫杈猪10万头，出栏肉牛25万头、肉羊140万只、林下鸡5 000万只；牧业总产值达到190亿元，见表6-32、表6-33。

表6-32　2016—2025年泸州市现代畜牧养殖业发展指标

（单位：万头、万只）

	2014—2016			2017—2020				2021—2025
	2014	2015	2016	2017	2018	2019	2020	
优质猪	374.5	383.2	390	398.8	407.8	414.3	420	460
丫杈猪	2	3	4	5	6	7	8	10
肉牛	9.05	10.7	12.3	13.45	15.2	16.4	18	25
肉羊	51.3	57.8	65	73.5	83	92	102	140
林下鸡	1 636	1 940	2 170	2 470	2 780	3 125	3 530	5 000

表6-33　2016—2025年泸州市各县区现代畜牧养殖业发展指标

（单位：万头、万只）

区（县）	发展指标	2014—2016			2017—2020				2021—2025
		2014	2015	2016	2017	2018	2019	2020	
江阳区	优质猪	29.5	30.2	31	31.3	31.5	31.8	32	34
	丫杈猪	—	—	—	—	—	—	—	—
	肉牛	—	—	—	—	—	—	—	—
	肉羊	3.6	3.8	4	4.2	4.5	4.8	5	8
	林下鸡	80	100	120	130	135	140	150	200
龙马潭区	优质猪	22	22	22	22	22.3	22.5	23	24
	丫杈猪	—	—	—	—	—	—	—	—
	肉牛	—	—	—	—	—	—	—	—
	肉羊	3	3.2	3.4	3.6	3.8	4.0	4.5	5
	林下鸡	320	340	350	360	375	385	400	500

（续表）

区（县）	发展指标	2014—2016			2017—2020				2021—2025
		2014	2015	2016	2017	2018	2019	2020	
纳溪区	优质猪	36.5	38	40	41.5	43	44	45	52
	丫杈猪	—	—	—	—	—	—	—	—
	肉牛	0.55	0.6	0.7	0.75	0.8	0.9	1	2
	肉羊	2.8	2.9	3.1	3.5	3.7	4.2	5	9
	林下鸡	300	350	400	450	500	550	600	800
泸县	优质猪	107.5	109	110	114	118	120	122	132
	肉牛	0.3	0.6	1	1	1	1	1	1
	肉羊	15	17	19	21	23	25	27	35
	林下鸡	300	350	400	460	520	600	680	1 000
合江县	优质猪	80	82	83	85	87	89	90	100
	肉牛	0.4	0.5	0.6	0.7	0.8	0.9	1	2
	肉羊	17.3	18	19	20	22	23	25	33
	林下鸡	300	340	360	380	410	450	500	700
叙永县	优质猪	47.5	49	50	50.5	51	51.5	52	57
	丫杈猪	0.5	0.75	1	1.2	1.5	1.6	2	3
	肉牛	3.9	4.5	5	5.5	6.3	6.8	7.5	10
	肉羊	2.3	5	8	12	16	20	22.5	30
	林下鸡	206	300	360	440	520	600	700	1 000
古蔺县	优质猪	51.5	53	54	54.5	55	55.5	56	61
	丫杈猪	1.5	2.25	3	3.8	4.5	5.4	6	7
	肉牛	3.9	4.5	5	5.5	6.3	6.8	7.5	10
	肉羊	7.3	7.9	8.5	9.2	10	11	13	20
	林下鸡	130	160	200	250	320	400	500	800

逐步提高泸州市畜牧业的标准化、规模化水平，2016—2025 年牲畜规模化比例如表 6-34 所示。

表 6-34　2016—2025 年牲畜规模化比重　　　　　　（单位：%）

项目	三元猪	丫杈猪	肉牛	肉羊
2016 年	65	60	25	30
2020 年	75	75	35	40
2025 年	85	90	45	50

受产量增加和价格上升等双重影响，畜牧业产值快速增加，到 2025 年，达到 190 亿元，约占农业总产值的 50%，在农民现金收入中的比例增加到 58%，标准化养殖户出栏牲畜占出栏量的 85%，养殖户中加入畜牧业合作组织或与龙头企业签订定向购销合同的农户比例达到 85%，"公司+农户"畜牧业科技贡献率达到 68%，见表 6-35。

表 6-35　2016—2025 年现代畜牧养殖业发展指标

项目	畜牧业总产值（亿元）	在农业总产值中所占比重（%）	在农民现金收入中的比重（%）	组织化程度（%）	畜牧科技贡献率（%）
2016 年	102	42	50	50	55
2020 年	140	45	53	65	60
2025 年	190	50	58	85	68

（2）水产业。

2016 年，全市水产品总产量 8.0 万吨，年均增长 5%，渔业经济总产值 10 亿元，年均增长 7%。2020 年，全市水产品总产量 9.7 万吨，年均增长 5%，渔业经济总产值 12.7 亿元，年均增长 7%。2025 年，全市水产品总产量 12 万吨，年均增长 4.5%，渔业经济总产值 17.2 亿元，年均增长 7%，见表 6-36。

表 6-36　近期水产发展指标　　　　　　　　　　　　　（单位：吨、万元）

单位	2014 年		2015 年		2016 年	
	总产量	总产值	总产量	总产值	总产量	总产值
合计	73 030	87 000	76 680	93 100	80 000	100 000
江阳区	8 710	10 200	9 140	10 900	9 600	11 450
龙马潭区	6 510	7 800	6 840	8 300	7 180	8 880
纳溪区	7 500	10 000	7 870	10 700	8 260	11 450
泸县	31 000	38 180	32 780	40 980	33 960	44 380
合江县	15 860	17 000	16 650	18 200	17 480	19 500
叙永县	2 350	2 550	2 400	2 700	2 520	2 990
古蔺县	1 000	1 230	1 000	1 320	1 000	1 350

（二）建设路径

（1）畜牧业。

以科学发展观为指导，以发展生态、安全、高效畜牧业为目标，突出公共卫生安全、畜产品质量安全和生态环境安全三大重点，坚持产业化带动、规模化发展和标准化生产，以工业化的理念打造高效生态畜牧业，用循环经济模式推进园区建设，构筑养殖方式先进、加工带动有力、产品地域特征显著的高效生态畜牧业生产体系，把泸州市建设成为长江经济带上游和成渝经济区有影响力的高效、生态畜产品生产加工基地（图6-3~图6-5）。

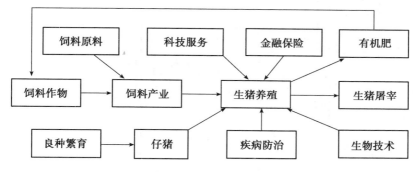

图6-3　生猪产业链

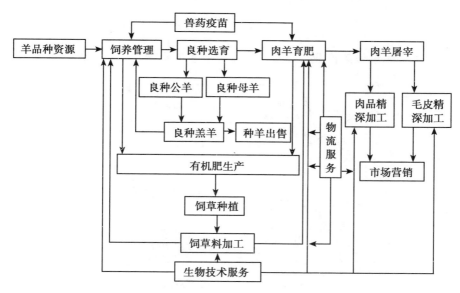

图6-4　肉羊养殖产业链

（2）水产业。

推进水产健康生态养殖，支持水产专业合作社和家庭渔场；发展粮经复合稻田养鱼，重点发展"稻鱼""稻鳅"模式，积极开展铜鱼、泥鳅、黄颡鱼、岩原鲤、大口黑鲈、长吻鮠、中华鳖等特色品种养殖；发展以鱼为主的餐饮业和休闲垂钓、乡村观光旅游、观赏渔业、展示教育等多种形式的休闲渔业基地和休闲渔业示范区；加强水产原良种场繁育、水生动物防疫和水产品质量安全监管设施装

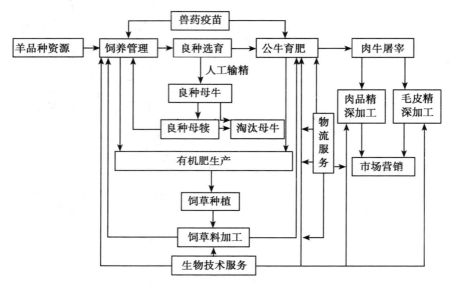

图 6-5 肉牛养殖产业链

备建设，大力发展设施渔业，逐步推进水产养殖的机械化、自动化（图 6-6）。

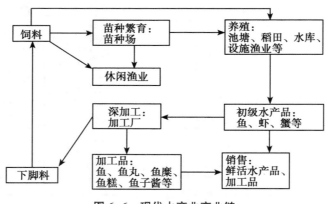

图 6-6 现代水产业产业链

（三）产业布局

重点布局建设以泸县、合江、纳溪为重点的优质生猪产业带；以叙永、古蔺及周边地区为重点的肉牛产业带；以叙永、古蔺、合江、泸县 4 个区县为重点的优质肉羊产业；古蔺县观文、马嘶、椒园和江阳区、纳溪区的部分乡镇重点发展"川黑Ⅱ号"（丫杈猪）特色生猪养殖，见表 6-37。以泸县和合江县为主体发展大宗优势水产品养殖；以江阳区、龙马潭区、纳溪区为主体发展城郊休闲型渔业；以叙永县、古蔺县为主体发展特色渔业。

表 6-37　现代养殖产业布局

基地名称	区县	重点乡镇
优质生猪产业区	江阳区	分水岭、石寨、弥陀
	龙马潭区	石洞、双加
	纳溪区	天仙、大渡口、合面、护国、上马
	泸县	喻寺、方洞、嘉明、福集、得胜、奇峰、玄滩、兆雅、云锦、立石、百和、云龙、石桥
	合江县	实录、望龙、白沙、白鹿、先市、尧坝、法王寺
	叙永县	江门、马岭、兴隆、龙凤、震东、两河、观兴
	古蔺县	古蔺、德耀、永乐、太平、大村、双沙、东新
肉牛产业区	泸县	海潮镇
	纳西	护国、大渡
	合江县	白鹿、榕山、石龙、福宝、先市
	叙永县	落卜、震东、黄坭、合乐、两河、观兴、营山、麻城、摩尼、石坝、水潦、分水岭、赤水
	古蔺县	二郎、太平、大村、东新、土城、石屏、永乐、箭竹、水口、石宝、龙山、护家
区优质肉羊产业区	合江县	凤鸣、实录、尧坝、法王寺、榕佑、福宝、石龙、甘雨、先滩
	泸县	潮河、玄滩、方洞、石桥、毗卢、立石、云锦、牛滩
	古蔺县	石宝、护家、观文、丹桂、大村、金星
	叙永县	合乐、震东、黄坭、分水岭、麻城、枧槽
	江阳区	石寨、黄舣、分水岭
	纳溪区	丰乐、白节、渠坝
	龙马潭区	金龙、双加
特色生猪产业区	古蔺县	观文、永乐、古蔺、护家、金星、双沙、马嘶
	叙永县	水潦、石坝、观兴
林下土鸡养殖区	江阳区	通滩、泰安、弥陀、黄舣
	龙马潭区	金龙、特兴、长安、胡市
	纳溪区	天仙、大渡口、渠坝、上马、合面、白节、丰乐
	泸县	潮河、海潮、玄滩、方洞、喻寺、石桥、毗卢、天兴、得胜、太伏
	合江县	虎头、九支、先市、榕佑、五通、法王寺
	叙永县	枧槽、营山、马岭、向林、天池、后山、水尾、叙永
	古蔺县	大寨、白泥、桂花、箭竹、古蔺、鱼化、椒园、马嘶

（四）建设项目

1. 畜牧业

（1）种业工程。

母牛繁育场建设项目。

实施地点：

叙永县：落卜、震东、黄坭、合乐、两河、观兴、营山、麻城、摩尼、石坝、水潦、分水岭、赤水等乡镇。

古蔺县：二郎、太平、大村、东新、土城、石屏、永乐、箭竹、水口、石宝、龙山、护家等乡镇。

合江县：白鹿、榕山、石龙、福宝、先市等乡镇。

纳溪区：大渡口镇、护国镇。

泸县：海潮镇。

建设内容与规模：对33个乡镇的1 000个母牛养殖场（户）进行改扩建或新建，建立母牛存栏数量在10~50头规模的家庭农场600个，母牛存栏数量在50~100头的牛场300个，母牛存栏数量在100~300头规模的牛场80个，母牛存栏数量300头以上规模的养牛场20个。对现有牛场进行圈舍的改扩建，并配套建设相应的青贮窖、饲料储存间，并根据养殖场饲养容量配套建设沼气池等粪污处理设施。根据当地玉米青贮、饲草种植情况购置适当类型的牧草收割机（中小型）、粉碎机、饲料运输车、TMR饲喂设备，并进行相关水、电、道路等基础设施建设。通过土地流转承包进行大片的饲草料地建设。

（2）标准化养殖业生产工程。

一是肉牛标准化育肥场。

实施地点：

叙永县：兴隆乡川天肉牛养殖场、落卜镇东牛牧场、合乐乡肉牛养殖场，震东乡石庄肉牛养殖场、观兴乡杨柳坝牛场；龙凤乡后安肉牛养殖场、赤水明星肉牛养殖场、麻城乡飞凤养牛场等。

古蔺县：四川省郎多多畜牧业有限公司护家乡优质肉牛生态养殖科技示范园、四川天地人农牧发展有限公司箭竹乡优质肉牛养殖场、护家乡何阳肉牛养殖专业合作社养殖场、古蔺县裕强生态农业专业合作社养牛场、古蔺县观文镇盛泰肉牛养殖专合社养殖场、水口镇龙凤养牛专合社养牛场等。

合江县：榕山镇鑫屹肉牛养殖场、榕山富民养牛场、白鹿镇川源肉牛养殖场、九支巨源养牛场等。

纳溪区：护国镇顺和牛场、大渡口镇大渡口牛场等。

泸县：海潮镇椿海牛场。

建设内容与规模：对 20 个牛场进行圈舍改扩建，使能达到一次性出栏 500～1 000 头养殖容量的育肥场 10 个，1 000 头以上养殖容量的育肥场 10 个。配套建设相应的青贮窖、饲料储存间、消毒间，并根据饲养容量配套建设 20 座沼气处理设施设备，进行道路铺设及水电等基础设施建设。根据当地玉米青贮、饲草种质情况购置适当类型的牧草收割机、粉碎机、饲料运输车、TMR 设备。通过土地流转承包进行大片的饲草料地建设。

二是基础母羊规模化扩繁及育肥场建设

实施地点：

合江县：凤鸣、实录、尧坝、法王寺、榕右、福宝、石龙、甘雨、先滩等乡镇。

泸县：潮河、玄滩、方洞、石桥、毗卢、立石、云锦、牛滩等乡镇。

古蔺县：石宝、护家、观文、丹桂、大村、金星等乡镇。

叙永县：合乐、震东、黄坭、分水岭、麻城、枧槽等乡镇。

纳溪区：丰乐、白节、渠坝等乡镇。

江阳区：石寨、黄舣、分水岭等乡镇。

龙马潭区：金龙、双加等乡镇。

建设内容与规模：对 37 个乡镇的 4 000 个肉羊养殖家庭牧场或养羊大户进行改扩建，建立存栏羊数量在 30～100 只规模的家庭农场 2 000 个，存栏数量在 100～300 只规模的羊场 1 200 个，存栏数量在 300～500 只规模的羊场 700 个，存栏数量在 500 只以上规模的规模羊场 100 个。对现有羊场进行圈舍的改扩建，配套建设青贮窖、饲料储存间，沼气池等设施，购置适当类型的牧草收割机（中小型）、粉碎机、饲料运输车和 TMR 等设备，并进行相关水电、道路等基础设施建设。通过土地流转承包进行大片的饲草料地建设。

三是 90 万头生猪现代化生产基地建设。

实施地点：合江县、泸县和纳溪区。

建设内容与规模：

充分考虑生物安全、动物防疫、环境消纳等因素，建设 3 个优质生猪现代化基地。每个基地包括 1 个种猪场、3 个存栏母猪 6 000 头的仔猪繁殖场和 300 个年出栏 1 000 头规模的寄养场（生猪养殖家庭农场），达到年增加出栏 90 万头的规模。

四是 10 万头丫杈猪养殖基地建设项目。

实施地点：在古蔺县观文、永乐、古蔺、护家、金星、双沙、马嘶 7 个乡镇，叙永水潦、石坝、观兴 3 个乡镇，共 10 个乡镇实施。

建设内容与规模：在古蔺县观文镇建设 1 个丫杈猪保种选育场，在古蔺县观文、永乐和叙永县水潦分别建设 1 个扩繁场和种公猪站。在古蔺县的观文、永乐、古蔺、护家、金星、双沙、马嘶。叙永县水潦、石坝、观兴 10 个乡镇建设年出栏 300~500 头适度规模养殖场（或家庭农场）280 个。2025 年出栏丫杈猪（川黑Ⅱ号）达到 10 万头以上。

五是林下鸡养殖项目。

实施地点：三区四县的 47 个乡镇。

建设内容及规模：在古蔺大寨（古蔺苗家土鸡发展有限公司）、白泥（古蔺三台土鸡发展有限公司）、叙永枧槽（枧槽彬雪丰岩乌骨鸡养殖专合社）、马岭（叙永县原野畜禽养殖专合社）、后山（叙永县天元乌骨鸡养殖专合社）、泸县太伏（泸县万福禽业有限公司）、纳溪天仙（泸州金凤凰禽业）、大渡口（大渡口川宣禽业养殖有限公司）、龙马潭区长安乡（泸州绿野龙马土鸡养殖专合社）、江阳区分水岭（江阳区民旺养殖专合社）10 个乡镇新建或改扩建 10 个年提供优质鸡苗 200 万只以上的种鸡场或孵化中心，每个场存栏优质种鸡规模在 2 万只以上。建设标准化种鸡舍及孵化舍，配套相应的饲养、孵化设备。

新建或改扩建林下鸡养殖基地 3 000 个，其中年出栏 1 000~5 000 只规模的林下鸡养殖基地 1 000 个，年出栏 5 000~10 000 只规模的林下鸡养殖基地 1 000 个，建年出栏 10 000 只以上的林下鸡养殖基地 1 000 个。

发展林下鸡专业合作社和大型养殖企业建设育雏中心。在全市林下鸡重点发展乡镇建设 100 个育雏中心，每个育雏中心可年提供育雏鸡苗 10 万只以上。

（3）养殖业支撑工程。

一是有机肥生产项目。

实施地点：在合江县合江镇、泸县得胜镇、纳溪区天仙镇、叙永县麻城乡、古蔺县古蔺镇建设有机肥厂，对各区县的规模化猪场、牛场、羊场粪污实施无害化处理和资源化利用。

建设内容与规模：投资建设厂房及附属用房，购置相关机器设备，5 个厂年产 15 万吨有机肥。在各县区规模化猪场、牛场、羊场建设粪污处理设施，实现粪污达标排放。

二是泸州市动物防疫基础设施建设。

实施地点：泸州市畜牧局、各县（区）畜牧局。

建设内容与规模：动物防疫执法基础设施建设。建设乡级动物防疫执法机构办公场所，完善疫苗储藏设施，配备防疫执法车辆、防疫用具，储备防疫应急物资。

动物疫病追溯体系建设。建设市级数字化动物疫病监控追溯平台、县级监控中心、乡级监控网点，与农业部动物疫病追溯体系连网，强化对动物养殖、动物加工企业的数字化监管。该系统装配电脑、服务器、交换机、操作系统软件、数据库软件、畜禽疫病防控指挥平台软件、专家智能分析软件等设备。

动物疫病检测体系建设。本着提高市级、巩固县级、完善乡级的原则，更新完善动物疫情监测、信息收集、分析、处理、报告等设备设施，达到国家规定的标准，与世界接轨。

三是泸州市畜产品质量安全检测中心建设。

实施地点：泸州市畜牧局。

建设内容与规模：采购仪器设备。主要包括气相色谱仪、细菌鉴定仪、荧光显微镜、PCR 生物分子测定仪、超低温水箱、电子分析天平、酶标仪、高速离心机、微量移液器、生化培养箱、干燥箱、电泳仪、荧光测定仪和检测三聚氰胺、瘦肉精、兽药、饲料、动物产品成分等项目的配套仪器设备。

改造实验室。对现有的实验室进行改造，重新布局安排，主要建设畜产品安检室、细菌检查室、分子生物检测室、无菌室、消毒室、试剂室、办公室、档案室等。

2. 水产业

（1）5 万亩健康养殖基地建设项目。

实施地点：江阳区江北镇、石寨乡；龙马潭区长安乡和双加镇；纳溪区大渡口镇和护国镇；泸县方洞镇、毗卢镇、嘉明镇和福集镇；合江县白鹿镇；叙永县马岭镇。

建设内容与规模：建成 1 000 亩以上水产品健康养殖示范基地 12 个，建设规模达 1.8 万亩，通过示范基地带动示范片建设，促进水产品健康养殖示范片 3.2 万亩建设，见表 6-38。

表 6-38　水产品健康养殖基地

区县	示范基地项目数	建设地点	示范基地规模（亩）	带动示范片规模（亩）
江阳区	2	江北	1 100	2 000
		石寨乡	1 000	2 800
龙马潭区	2	长安乡	1 100	2 800
		双加	2 000	2 000
纳溪区	2	大渡口	1 200	3 000
		护国	1 000	2 200
泸县	4	方洞	1 800	3 000
		毗卢	2 000	2 000
		嘉明	3 000	4 000
		福集	1 800	3 200
合江县	1	白鹿	1 000	3 000
叙永县	1	马岭	1 000	2 000
小计			18 000	32 000
合计			50 000	

（2）水产原良种体系建设项目。

实施地点：江阳区鱼种站、泸县水产良种场、合江县鱼种站、古蔺县德耀镇。

建设内容与规模：进行良种场基础设施改造，建设长江上游珍稀特有鱼类繁育基地，开展铜鱼、黄颡鱼、岩原鲤、胭脂鱼、长吻鮠、长薄鳅等长江上游珍稀特有鱼类品种的人工驯养繁殖，开展泉水鱼、裂腹鱼、虹鳟等冷水鱼类品种的人工驯养繁殖。具体建设地点、规模、见表6-39。

表6-39 水产原良种体系建设项目表

区县	项目类别	项目数	建设地点	规模（亩）	投资（万元）
江阳区		1	江阳区鱼种站	100	300
泸县	良种场基础设施更新改造	1	泸县水产良种场	100	300
合江县		1	合江县鱼种站	100	300
江阳区		1	江阳区鱼种站	100	100
泸县	良种选育和亲本更新	1	泸县水产良种场	100	100
合江县		1	合江县鱼种站	100	100
江阳区	长江上游珍稀特有鱼类繁育基地	1	况场镇双河水库	150	3 000
古蔺县	冷水鱼繁育基地	1	德耀镇	100	500
合计		8		850	4 700

（3）10万亩粮经复合稻田养鱼基地建设项目。

实施地点：泸县、合江、龙马潭区、江阳区，各乡镇见表6-40。

建设内容与规模：养鱼稻田田埂整治、田沟开挖等。到2025年扩展粮经复合稻田养鱼10万亩。预计年新增水产品产量2万吨，新增产值3亿元。

表6-40 泸州市粮经复合稻田养鱼区域布局

区县	乡镇	规划阶段（万亩）		
		近期	中期	远期
泸县	泸隆线（得胜、嘉明、福集）、泸永线（兆雅、立石、云锦、太伏）、泸荣线（云龙、玄滩、石桥、毗卢）、隆纳高速公路沿线（海潮、牛滩）	0.8	1.2	2.1
合江县	白鹿片（白鹿、榕山、甘雨）、泸合路（大桥、佛荫、合江、实录、虎头）、江北片（白米、白沙、望龙、焦滩、参宝）、合赤路（密溪、先市、法王寺、九支）	0.8	1.2	2.1
江阳区	泸宜线（况场、弥陀、石寨）	0.2	0.3	0.4
龙马潭区	泸永线（长安、特兴）、泸隆线（双加、金龙）	0.2	0.3	0.4
合计		2	3	5

（4）2 000 吨长江名优鱼江河网箱养殖基地更新改造项目。

实施地点：合江县合江、白米；江阳区黄舣；纳溪区新乐。

建设内容与规模：对现有江河网箱养鱼基地基础设施进行更新改造，主要对相对集中停泊 10 000 平方米江河网箱养殖设施的 6 个基地的地牛设施、下河道路、进场电路等基础设施进行改造，见表 6-41。

表 6-41　2 000 吨长江名优鱼江河网箱养殖基地更新改造项目安排表

县区	乡镇	面积（平方米）	投资（万元）	实施年份
合江县	合江	3 000	900	
	白米	4 000	1 200	
江阳区	黄舣	2 000	600	2015—2016 年
纳溪区	新乐	1 000	300	
合计		10 000	3 000	

（5）休闲渔业基地建设项目。

建设地点：江阳区、龙马潭区、纳溪区、泸县、合江县。

建设内容与规模：鱼池改造和池边设施建设。预计年新增产值 1 000 万元左右。投资 900 万元，发展休闲垂钓、观光旅游、观赏渔业、展示教育等多种形式的休闲渔业示范区 3 个。

（6）基层水产服务能力项目建设。

实施地点：全市区涉及渔业养殖及相关行业的县区、乡镇。

建设内容与规模：一是开展水产专合组织和家庭渔场培训，发挥"专合组织+农户"及"家庭渔场带渔民"的产业带动作用，加强渔业科技培训，每年培训科技人员 3 000 人次；二是开展对水产实用技术人才的培训，培养一批水产"土专家"、养殖能手，每年培训水产实用技术人才 3 000 人次。三是健全水产技术推广网络，开展对在职人员培训力度，提高从业人员的素质，造就一支素质高、业务精、献身渔业、服务群众的渔业科技服务队伍，每年培训人员 1 000人次。

（7）设施渔业示范工程项目。

实施地点：相关县区、乡镇。

建设内容与规模：建设渔业科技养殖示范基地，占地 10 亩，养殖用池面积2 400 平方米，设计生产规模名优鱼 800 吨／年。

（8）水产品加工流通项目。

实施地点：龙马潭区加工物流园。

建设内容与规模：建设一个加工装备先进、人员素质过硬、管理水平一流、带动能力强的现代化水产品加工企业。建设一个设施先进、功能齐全、服务完善、管理规范、辐射力强的水产品批发市场，加快冷链系统建设。

（9）渔业新村建设项目。

实施地点：纳溪区、龙马潭区、合江县、叙永县、古蔺县。

建设内容与规模：建设渔业新农村5个，将渔业发展与美化乡村风景紧密结合，形成"山上种树、水中养鱼、岸边绿化"的"山青、水秀、天蓝、地绿"的别具特色的渔业新农村亮丽风景。

（10）冷水鱼养殖示范基地建设项目。

实施地点：叙永县、古蔺县。

建设内容与规模：建设2个冷水鱼养殖示范基地，以带动开发利用叙永县、古蔺县的冷水资源。

（11）水生生物生态修复工程项目。

实施地点：相关区县、乡镇。

建设内容与规模：统筹规划增殖放流的主要物种和重点水域，扩大增殖品种、数量和范围，提高放流苗种质量，科学评估放流效果，加强水生生物自然保护区、水产种质资源保护区建设，加强重要水产种质资源产卵场、索饵场和洄游通道保护与管理，保护水生生物物种。

（五）投资估算

养殖业建设投资需求50.34亿元。其中，2014—2016年21.34亿元，2017—2020年18.42亿元，2021—2025年10.58亿元，见表6-42。

表6-42　养殖产业投资概算　　　　　　　　　　（单位：万元）

项目名称	项目地点	2014—2016年			2017—2020年				2021—2025年
		2014	2015	2016	2017	2018	2019	2020	
肉牛标准化育肥场建设项目	合江	300	300	300	100				
	叙永	600	600	600					
	古蔺	600	600	500					
	纳溪	300	200	200					
	泸县	300	200	200					
母牛繁育场建设项目	合江	3 000	3 000	3 000	1 000				
	叙永	4 000	4 000	4 000	4 000	1 000			
	古蔺	4 000	4 000	4 000	4 000	1 000			
	纳溪	3 000	2 000	2 000					
	泸县	3 000	3 000	2 000					

（续表）

项目名称	项目地点	2014—2016 年			2017—2020 年				2021—2025 年
		2014	2015	2016	2017	2018	2019	2020	
种羊场建设项目	合江	600	600	600	600				
	叙永	600	600	600	400				
	古蔺	600	600	600	400				
	纳溪	200	200	200	200	200			
	泸县	600	600	600	400				
	江阳	200	200	200	200	200			
基础母羊规模化扩繁及育肥场建设项目	合江	2 000	2 000	1 000					
	叙永	2 000	2 000	1 000					
	古蔺	2 000	2 000	1 000					
	纳溪	1 000	1 000	500					
	泸县	2 000	2 000	1 000					
	江阳	1 000	1 000	500					
90 万头生猪现代化生产基地建设	合江	6 000	6 000	6 000	6 000	6 000	6 000	6 000	2 000
	泸县	6 000	6 000	6 000	6 000	6 000	6 000	6 000	2 000
	纳溪	6 000	6 000	6 000	6 000	6 000	5 000		
10 万头丫杈猪养殖基地建设项目	合江	700	700	600					
	叙永	700	700	700	550				
	古蔺	700	700	700	700	700			
	纳溪	200	200	200	200	200			
	泸县	300	300	300	300	300	200		
5 000 万只林下鸡养殖基地建设项目	合江			3 000	2 000	2 000	2 000	2 000	
	叙永			3 000	2 000	2 000	2 000	2 000	
	古蔺			3 000	2 000	2 000	2 000	2 000	
	纳溪			2 000	2 000	2 000			
	泸县			2 000	2 000	2 000			
	江阳			2 000	2 000	2 000			
	龙潭			2 000	2 000	2 000			
有机肥生产项目	合江				200	500	500		
	叙永				200	500	500		
	古蔺				200	500	500		
	纳溪				200	500	500		
	泸县				200	500	500		

（续表）

项目名称	项目地点	2014—2016年			2017—2020年				2021—2025年
		2014	2015	2016	2017	2018	2019	2020	
动物防疫基础设施建设	合江	200	200						
	叙永	200	200						
	古蔺	200	200						
	纳溪	200	200						
	泸县	200	200						
	江阳	200	200						
	龙潭	200	200						
	泸州市	850	850						
畜产品质量安全检测中心建设项目	泸州市	1 500	1 000	500					
5万亩健康养殖基地建设项目	江阳区、龙马潭区、纳溪区、泸县、合江县、叙永县	5 000	5 000	4 000	4 000	5 000	1 000	9 600	16 400
水产原良种体系建设	江阳区、龙马潭区、纳溪区、泸县、合江县、叙永县、古蔺县	2 000	2 000	700					
10万亩粮经复合稻田养鱼基地建设	江阳区、龙马潭区、泸县、合江县	3 000	4 000	8 000	20 000	5 000	5 000	2 000	3 000
2 000吨长江名优鱼江河网箱养殖基地更新改造	江阳区、合江县、纳溪区		1 000	2 000					
休闲渔业基地建设	江阳区、龙马潭区、纳溪区、泸县、合江县	300	500	100					
基层水产服务能力项目	江阳区、龙马潭区、纳溪区、泸县、合江县	500	800	140	500	600	500	120	2 400
设施渔业示范工程项目	江阳区、龙马潭区、纳溪区、泸县、合江县							2 000	80 000

（续表）

项目名称	项目地点	2014—2016 年			2017—2020 年				2021—2025 年
		2014	2015	2016	2017	2018	2019	2020	
水生生物生态修复工程	江阳区、龙马潭区、纳溪区、泸县、合江县	200	300	500	500	300	200		
合计	67 250	68 150	78 040	71 050	49 000	32 400	31 720	105 800	

七、休闲农业

（一）建设目标

1. 总体目标

抓住我国休闲农业市场迅速扩大这一战略机遇，加快休闲农业与乡村发展，重点打造长江风光带和休闲创意农业旅游带，实施国家 5A 级精品旅游区（张坝、黄荆、国宝窖池、酒镇、酒庄）、国家 4A 级精品旅游区（天仙硐、佛宝、龙桥文化生态园、方山、都市生态农业旅游示范园）和国家 3A 级精品旅游区（大旺竹海、妃子笑荔枝景区、玉龙湖、箭竹大黑洞、丹山）以及国家创意农业产品示范园创建工程，创建 3 个全国休闲农业与乡村旅游示范县、8 个全国休闲农业与乡村旅游示范点、10 个中国最美休闲乡村、全球重要农业文化遗产 1 项，最终实现把泸州休闲农业产业培育成支柱产业的目标。

2. 阶段目标

（1）近期目标。

2014—2016 年，开展长江风光带的建设，完成张坝、佛宝、黄荆、大旺竹海、天仙硐、玉龙湖 6 个旅游景区旅游公路建设。陆续开展创意农业产品示范园和玉龙湖休闲农园项目的建设，力争申报张坝桂圆林为全球重要农业文化遗产、江阳区成为全国休闲农业与乡村旅游示范县（区）。争取张坝桂圆林、董允坝综合农业示范园、妃子笑荔枝旅游景区成为全国休闲农业与乡村旅游示范点。另成功创建国家 5A 级精品旅游区黄荆、国宝窖池、酒镇酒庄。

2016 年，旅游总人数达到 2 500 万人次，旅游总收入 180 亿元，其中，休闲农业接待人数约占 70%，即约 1 750 万人次；休闲农业经营收入约占 60%，即约 108 亿元。

（2）中期目标。

2017—2020 年，完成长江风光带的建设，基本完成创意农业产品示范园和玉龙湖休闲农园的建设，完成妃子笑荔枝景区、大黑洞、丹山3个景区的旅游公路建设。陆续开展天仙硐休闲农业区、大黑洞休闲农业区和丹山休闲农业区项目的建设。实现国家4A级精品旅游区（天仙硐、佛宝、方山、龙桥文化生态园、都市生态农业旅游示范园）和国家3A级精品旅游区（妃子笑荔枝景区、大旺竹海、玉龙湖、箭竹大黑洞、丹山）以及国家创意农业产品示范园创建工程。力争泸县成为全国休闲农业与乡村旅游示范县（区），争取创意农业文化产品示范园、护国镇农业体验区、泸县玉龙湖、箭竹大黑洞、叙永丹山、"名酒名园名村"休闲农业综合区和"幸福人家"慈竹乡村旅游成为全国休闲农业与乡村旅游示范点。

2020年，旅游人数达到3 250万人次，旅游收入230亿元，其中，休闲农业接待人数约占75%，即约2 400万人次；休闲农业经营收入约占65%，即约150亿元。

（3）远期目标。

2021—2025年，完成所有项目的建设，把泸州建设成为长江风光带休闲农业目的地和国家休闲创意农业旅游目的地。旅游人数达到4 500万人次，旅游收入300亿元，其中，休闲农业接待人数约占85%，即3 500万人次，休闲农业经营收入约占70%，即约210亿元（表6-43）。

表6-43　2014—2025年休闲农业具体发展目标　（单位：万人、亿元）

区（县）	发展指标	2014—2016			2017—2020				2021—2025
		2014	2015	2016	2017	2018	2019	2020	
合计	接待人数	1 135	1 380	1 750	1 970	2 120	2 260	2 400	3 500
	经营收入	51	75	108	118	128	139	150	210
江阳区	接待人数	200	240	300	360	380	390	400	520
	经营收入	10	15	20	21	23	25	27	33
纳溪区	接待人数	190	220	275	300	320	340	360	510
	经营收入	8	12	20	21	22	23	24	31
龙马潭区	接待人数	190	230	300	310	320	340	360	510
	经营收入	10	14	20	21	22	23	25	30
泸县	接待人数	185	235	275	320	340	360	380	520
	经营收入	9	12	15	18	20	23	25	30
合江县	接待人数	130	160	200	220	240	260	280	520
	经营收入	3	6	10	11	12	13	15	28
古蔺县	接待人数	140	165	200	230	260	290	320	500
	经营收入	8	10	12	14	16	18	19	30
叙永县	接待人数	100	130	200	230	260	280	300	490
	经营收入	3	6	11	12	13	14	15	28

（二）建设路径

以打造集创意、休闲、观光、养生、科普于一体的现代化休闲农业为重心，以长江风光带建设为中心，以泸州酒文化、古镇文化、龙文化、苗族文化以及自然风景为核心，以泸州的农家乐、现代农业园区、休闲农园、特色食品文化传播为建设方向，突出区域特色和比较优势，整合资源，融合发展，进一步完善基础设施和配套服务设施，建设一批精品目的地，开发一批休闲农业与乡村旅游特色商品和旅游节庆，打造一批精品线路，综合开发休闲生态旅游、体育旅游、文化旅游和养身美容旅游等产品，使泸州休闲农业成为现代农业品牌打造的重要抓手，带动整个现代农业产业链的快速发展。

（三）产业布局

根据泸州市"一个中心、四大旅游区、四个支撑点、四条旅游线"的旅游总体发展格局和泸州市的地域形态、地形地貌特征、农业旅游资源禀赋条件及未来发展的长远取向，构筑"两带一心多点"的休闲农业总体发展格局，努力实现两个"目的地"。

1. "两带"：长江休闲农业旅游带与休闲创意农业旅游带

（1）长江休闲农业旅游带。构筑"两江四区三散点"休闲农业长江旅游带。

"两江"。长江、沱江风光、休闲农业综合旅游带。布局在弥陀镇、分水岭镇、黄舣镇、方山镇、大渡口、胡市镇、通滩镇、石寨镇、潮河镇和海潮镇。

"四区"。包括长安乡、特兴镇新农村休闲农业集聚区；天仙镇、护国镇休闲农业集聚区；以张坝桂圆林为核心的沿江休闲农业集聚区和以方山景区为核心的环方山休闲农业集聚区。

"三散点"。包括江阳区石寨乡、龙马潭区金龙乡、纳溪区白节镇三个比较分散的休闲农业观光区。

（2）休闲创意农业旅游带。

一是江阳区、龙马潭区、纳溪区三区。涉及张坝桂圆林、国宝窖池、百子图文化长廊、方山景区、九狮山、花博园、甜蜜公园、天仙硐、纳溪都市农业示范园、酒镇酒庄、云溪温泉、都市生态农业旅游示范、普照山、鼓楼山、凤凰湖、大旺竹海、海潮湖、泸州港、甜橙基地、特早茶良种繁育基地等旅游景区景点。以城区张坝桂圆林和方山景区为核心，辐射以上各景区。

二是合江县。涉及佛宝风景区、福宝古镇、笔架山、神臂城、妃子笑荔枝旅游景区（贵妃荔枝园、黄湾荔乡休闲度假景区、美酒河荔枝博览园、落梅溪荔园水乡）、尧坝古镇、法王寺、锁口水库、赤水河风光带等旅游景区景点。以佛宝风景区和妃子笑荔枝旅游景区为核心，辐射上述各景区。

三是古蔺县和叙永县。涉及双沙镇、马蹄乡、红军四渡赤水纪念地太平渡和二郎镇、石厢子会议遗址、白沙会议遗址、黄荆旅游景区、箭竹大黑洞风景区、美酒河、丹山景区、叙永老街、画稿溪景区、古叙苗家风情等。以黄荆旅游景区和大黑洞风景区为核心，辐射以上各景区。

四是泸县。涉及泸县县城、玉蟾山风景区、龙桥文化生态园、玉蟾温泉、玉龙湖风景区、道林沟景区、屈氏庄园等。以龙桥文化生态园和玉龙湖景区为核心，辐射上述各景区。

2．"一心"：泸州市区

泸州市区是全市的政治、经济、文化中心，是川、滇、黔、渝毗邻地域的商贸中心城市和水、陆、空交通枢纽。随着经济发展，城市建设加快，基础设施更加完善，服务设施将更加齐全，环境更加优美，都市旅游越来越时尚，泸州市区将以其强大的文化功能、服务功能成为区域旅游服务基地、旅游基地，成为休闲农业旅游的接待服务中心和娱乐购物中心。

3．"多点"：市内重要旅游集散点

在休闲农业开发中，把农业资源比较丰富、具有较强集聚功能的城镇培育成为特色休闲农业城镇，并使其成为周边旅游区（点）开发经营的重要依托。规划重点培育的旅游集散点包括黄舣镇、弥陀镇、分水岭镇、长安乡、特兴镇、天仙镇、护国镇、大渡口镇、立石镇、箭竹乡、合江镇、古蔺镇、叙永镇、福集镇、福宝镇。

（四）建设项目

1．天仙硐休闲观光农业旅游区

建设地点：位于纳溪天仙镇天仙硐景区，占地面积 125 亩。

建设内容包括以下方面。

四季水果农场：以天仙硐中间带的四季园（枇杷、葡萄、猕猴桃、梨子）为依托在附近发展四季设施农场，用地 10 亩，包含 6 栋 60 米×12 米连栋大棚。主要发展设施草莓、樱桃、大甜杏、草莓、树莓、果桑、无花果、石榴等适销对路、适宜采摘的营养价值极高的小型浆果产业。

家庭农场：位于天仙硐景区的中间带，用地 10 亩，主要包含开心菜园、开心果园，市民和游客可在温室内采摘、认养农作物或者是自己动手参与农事活动，体验农事乐趣。同时开辟专门的市民厨房，游人可以选择自己动手或者由厨师操刀，在农场内就能品尝到自己动手采摘的或者自家种植的新鲜农产品。

户外主题电影园：位于天仙硐景区后山现代农业展馆，用地 5 亩。以中外各时期的仿制车为包厢，放映体育类影片或时尚大片，以及举办各种创意主题电影节，同时开发和销售相关电影及其衍生旅游产品，打造独特新颖的文化旅游项目。

枇杷大观园：位于天仙硐景区前门枇杷园，用地100亩，是游人观赏枇杷大田景观、进行露天采摘及各种休闲活动的场所。主要包含房车营地、露天枇杷采摘园、枇杷园林卡、枇杷迷宫、亲子活动乐园等。

天仙茶溪谷：主要包括茶叶观光博览园，特早茶主题文化公园、特早茶人文茶肆水码头廊和茶叶手工加工体验馆等。主要吸纳游客观光、购买茶产品、体验茶文化，打造集喝茶、吃茶、茶保健养生为一体的农业观光休闲旅游综合体。

2. 佛宝休闲农业园区

建设地点：位于合江佛宝原始森林，将其开发成为一个中药材以及植物科普基地。

建设内容包括以下方面。

药用植物培育区：研发金钗石斛、冬虫夏草、红花、贝母、羌活、柴胡、天麻、红景天、紫茉莉、五味子、独活、天南星、七叶一枝花、远志、防风、苍术、茜草桔梗、地榆、丹参、瓜蒌、益母草、香附等人工种植技术。

原始森林科普园：面向爱冒险的游客，开发原始森林自助游，特别对青少年普及植物和环境科学知识，使游人理解植物在人类生活中的重要作用，同时科普园还将成为周边市民参与动植物科普活动的基地。选择合适的地方修建石凳、石桌供游客休憩。在每一种植物旁树一个标签介绍供游客学习认识更多的植物。

森林旅馆：修一条长达10千米的环形栈桥，蜿蜒穿越森林，看着欢蹦乱跳的小动物，一种回归自然、返璞归真的感会让游客流连忘返。旅馆里面各种生活和娱乐设施要一应俱全，建餐厅、酒吧、便利商店、纪念品商店、书店等。伴着虫鸣鸟叫，读上一首森林诗人的作品，真是莫大的享受。森林旅馆既能满足游客休闲、度假、娱乐、食宿等需求，又能康体健身、怡情养性。

3. 丹山休闲农业园区

建设地点：该项目位于叙永丹山风景区，用地650亩。

建设内容包括以下方面。

菜园别墅：用地500亩，现在都市中绝大部分房地产项目的设计，都没有继承中国"菜地厨房就近"的优良传统。高档的房地产项目可以为每户准备一个菜园子，而普通的房地产项目则可以在规划的时候，就把住宅区与都市农园结合在一起，让每个住户在附近都有一块菜地。

开心农场：用地50亩，结合生态特种养殖业建设和一款以种植为主的名为《开心农场》的社交游戏项目，为现实版的开心农场。租地种菜是现在兴起来的一个热门户外活动，城郊农民给城市居民提供了一个平台，城市居民可以租种农民的土地种植自己喜欢的蔬菜。该项目可以发展果蔬采摘，认养土地，蔬菜配送，果树认领，还有饲养散养的家畜家禽等。在这里，农场不只是电脑游戏，它已经成为一种现实，让城市居民不光体验乐趣，同时还能享受健康。等到收获的季节，享受到的是自己的劳动果实和绿色蔬菜，健康又开心。

农家乐：用地100亩，建设果农乐、花农乐、酒农乐、渔农乐、牧农乐五种主题的五家大型农家乐，分别以成片花园、果园、人参的种植区和鸡、兔、鹅的养殖集中区为依托，以种菜、赏花、摘果、园艺、酿酒为主题，力争到2020年在叙永创建五个五种类型的农家乐示范点。渔乡人家依托乡村良好的自然生态、村容风貌和渔业特色产业，以"鱼、渔"和水体景观为主题旅游吸引物，可为游客提供开发建设高标准的休闲渔业垂钓基地，开展垂钓、烧烤、特色餐饮等休闲活动。建筑风格选择最具农村特色的茅草屋，形成独特风景。具体的布局根据区域范围内各个村的特点来选择不同的主题。

4. 大黑洞休闲农业园区

建设地点：古蔺箭竹乡大黑洞风景区，用地72亩。

建设内容包括以下方面。

奇瓜异果园：用地20亩，主要栽培各种观赏瓜果，如鹤首葫芦、天鹅葫芦、兵丹葫芦、长锤葫芦、苹果葫芦、麦克风南瓜、瓜皮南瓜、鹅蛋南瓜、鸳鸯梨、熊宝贝、佛手等60多种观赏兼食用的瓜果品种，采用基质无土栽培，通过各种立体竹艺支架打造一个错落有致、具有一定文化和造型寓意的瓜果攀爬架（廊式、亭式、桥式等）。

特色苗族民俗村：用地50亩，依托于现有村落，充分利用古蔺民俗，改造或新建特色的民居，强化民族风情，开发传统民俗表演项目，苗族传统美食等。建设具有苗族风情的休闲、娱乐、求知、度假功能的综合性旅游住宿单位。将举办民俗文化展示，农副产品、旅游商品展销，民间文艺演出，千人观赏团一日游，驴友自驾游活动，影友摄影采风等一系列活动。游客在村里，除可了解各民族的建筑风格外，还可以欣赏和参与各民族的歌舞表演、民族工艺品制作，品尝民族风味食品，观赏民族艺术展示、歌舞晚会、民俗陈列馆、民间喜爱节目等各种场景。可根据现有资源和条件，分别打造特色餐饮型、体验农事型、餐饮会议型、采摘休闲型、田园风格型、特殊风格建筑型等。

苗族式住宿星级接待点：用地1 000平方米依托于现有居民点，为游客提供苗式旅游住宿接待。依据《乡村旅游星级评定标准》，由旅游主管部门统一划定服务接待能力和配套设施条件的星级标准。

5. 创意农业产品示范园

建设地点：江阳区废弃的工厂，占地面积300亩。

建设内容包括以下方面。

新科技和栽培技术应用展示区：利用农业与高科技结合，打造农产品的新奇与极端的特质，提高知名度或吸引游客，或进行某种高附加值产品的开发。如玻璃西瓜、盆栽果菜、异型果、晒字果、辣木等。辣木作为主要的引进品种，若试种成功后可大面积种植，由此可开发一条辣木产业链。

农业废弃物创意利用区：发挥创意与巧妙的构思，不仅将农业废弃物用作材料和能源，亦通过对其形、色、物质材料及精神文化元素的利用，变废为宝。如用废弃的鱼骨作画；用农作物秸秆作画，编织草鞋、手提袋、动物、宠物篮、杂物篮等；用树叶或树枝粘贴写意画；用鸟蛋或禽蛋壳做工艺品（花盆、彩绘、蛋雕等）；用树根作根雕等；用贝壳做各种造型的工艺品；用核桃壳、杏核、桃核等做雕刻工艺品；用玉米苞叶、松果、棉花壳等做干花等。通过产业化的方式，形成批量，降低成本，创建品牌。

农产品用途转化利用示范区：在尊重农产品传统功能的基础上，挖掘它的多重特性与其他功能，以提高其经济价值。如通常用来食用的各种豆类，可以用来制作画、小饰品如豆塑画、手链、手机链等；通常长在田间可供食用的果树或蔬菜，可以将其微型化，做成观食两用的盆果、盆菜，如朝天椒、彩色西红柿、彩色茄子、五彩椒、盆栽草莓等；用干谷穗做干花等；五谷画；木材做木炭画等。

6. 道林沟休闲旅游区

建设地点：位于泸县石桥镇，占地50亩。

建设内容包括以下方面。

药膳食府：道林沟特殊的土壤优势，生长有数十种草药，结合绿色食品生产和营销，提供保健药膳、成品半成品销售，满足高端消费群体和美食养生市场多样化需求，提升景区服务档次和规格。

水上乐吧：依托道林沟的自然生态、村容风貌和渔业特色产业，以道林湖和珍珠滩瀑布为主要旅游吸引物，开发建设高标准的小型水上休闲游乐园一家，园内可开展多种水上娱乐性项目，包含像音乐喷泉、水幕电影、水上餐厅等项目。

森林氧吧：在主要景点或丛林带，建设树屋、木屋、帐篷营地，使游客吐纳真气、放松自如、神清气爽。

禅茶水吧：结合寺庙、古建遗址、湖周边、泉眼景点，建设永久或季节性临时茶社，为游客提供休憩品茗、思古追幽、禅静悟道。

养生"眺"吧：在风景较佳景点山顶，设置观景木屋、亭廊，让游人登高望远、把酒临风、志满意得。以百花香草之地围合自然空间，置身花丛，或仰天沐浴，或浸水而坐，或俯卧推揉，悦目赏心、芳香沁脾、美体养颜。

清泉疗吧：设温泉别墅，温泉花（酒、药等）浴、情侣温泉等，建设"美芦荟温泉区""草本养生谷""SPA动感温泉区"，休闲垂钓、药膳美食、养生理疗、温泉按摩池等服务，集度假、会务、休闲、保健、疗养、养生、垂钓、避暑、游览、观光、商务等多种功能于一体。

7. "名酒名园名村"休闲农业综合区

建设地点：覆盖江阳区黄舣镇和弥陀镇2个乡镇，9个农业行政村，以永兴村为主。

建设内容包括以下方面。

酿酒体验区：占地300亩，主要建设有机高粱种植游客体验区和酿酒体验区，以及住宿餐饮区，游客休闲区。体验区内充分展示从高粱种植到酿酒的全过程，以及中国的传统酿酒工艺，并能让游客亲身体验到高粱种植和酿酒的整个过程，让游客对酒工艺有切身的感受。

泸州老窖酒文化小镇：占地500亩。以泸州老窖1573为背景，建设古文化酒镇，建有中国传统酿酒作坊，展示中国传统酿酒工艺，酒发展文化和历史。建有古文化旅游度假村，能够提供住宿餐饮等服务。

8. 白节生态旅游镇

建设地点：纳溪白节镇，用地100亩。

建设内容包括以下方面。

大旺竹海旅游区：新建景区游客中心一个、2 000～5 000平方米生态停车场、特色环形游步道20千米、三星级旅游厕所2个、生态厕所5个；增设垃圾桶、休息凳椅等配套设施；完善供水供电排污等管网设施；打造竹文化景观，增加竹基因库展示展览中心等；开发竹衍生特色旅游商品、食品等，完善景区业态。

云溪温泉国际旅游度假区：在原有的功能分区上种上栀子花、紫荆花、桂花、薰衣草和一些中药材，紫荆花作为观赏和中药材开发，栀子花和桂花作为观赏和香水开发，建一个小的香水苑专门研究具有栀子花、薰衣草和桂花香水味的中药香水的制作，鲜花提取香精的过程也可作为游客参观的内容，走中低端市场，打出自己的品牌。还可以栽培各色盆栽花卉、鲜切花，用于市民和游客观赏、购买。设置插花沙龙、盆景讲堂、花茶吧、花园书吧等项目，为当地居民和游客提供以花会友、与花同乐的花卉乐园。

9. "幸福人家"慈竹乡村旅游区

建设地点：龙马潭区长安乡和特兴镇两个镇的新农村示范区，以慈竹村为核心区。

建设内容包括以下方面。

充分利用片区内的湿地、农田和乡村土俗等资源，建设一系列列的休闲农庄、农园、果蔬篱园、幸福人家、生态垂钓园（渔家乐）、乡村度假酒店等，传统的耕牛、犁田、水车等农耕场景建设。休闲农庄预计占地400亩，休闲农庄充分利用当地的历史文化背景。果蔬篱园预计占地200亩，可以设置蔬菜采摘区，蔬菜可以种植如生菜、黄瓜和西红柿等农家常见蔬菜，充分体现乡村生活。

10. 护国镇农业体验区

建设地点：以纳溪区护国镇梅岭村为主，扩展到护国镇，占地面积 200 亩。

建设内容包括以下方面。

特早茶体验农场：以梅岭村特早茶生产基地为基础，特早茶体验农场占地面积 100 亩，主要建设茶山大门、茶文化墙等一批体现茶文化内涵的设施，特早茶识教室，推广特早茶种植技术，扦插技术以及制茶技术，建设特早茶采摘区，以及制茶体验区。

护国柚采摘主题公园：围绕护国镇护国柚种植基地，建立护国柚主题公园，建设面积约 100 亩，园区内各项设施都以护国柚形象为基础建设，同时建有护国柚观光大道，护国柚采摘园。

11. 董允坝综合农业示范休闲区

建设地点：江阳区弥陀镇和分水岭镇的董允坝现代农业园区，共建立一个园区。

建设内容包括以下方面。

温室种植技术示范大棚：用地 150 亩，棚区内展示各种种植技术及种植相关知识，棚内种植异形蔬菜和水果，展示现代农业技术。

游客采摘区：用地 80 亩，可分别建立蔬菜采摘大棚和水果采摘大棚。并建配套餐厅，餐厅可以采用游客自己采摘的蔬菜和水果。蔬菜种植生菜、黄瓜和番茄等，水果可以选择猕猴桃，柚子和甜橙等。

花卉温室大棚：用地 120 亩，棚内种有各个季节及不同国家的花卉，并可以提供鲜花供应等业务。同时棚内也可以建立插花艺术教室。花卉类可以分季节选择郁金香、玫瑰、薰衣草、雏菊等。

（五）投资估算

休闲农业建设总投资需求 10.10 亿元。其中，2014—2016 年 6.50 亿元，2017—2020 年 3.15 亿元，2021—2025 年 0.45 亿元，见表 6-44。

表 6-44　休闲农业产业投资估算　　　　　　　　（单位：万元）

项目名称	项目地点	2014—2016 年			2017—2020 年				2021—2025 年
		2014	2015	2016	2017	2018	2019	2020	
创意农业产品示范园		500	2 500	2 000	1 000	1 000	500	5 00	2 000
"名酒名园名村"休闲农业综合区	江阳	500	3 500	3 500	2 500				
董允坝综合农业示范体验区		500	1 500	2 000	500	500			

（续表）

项目名称	项目地点	2014—2016 年			2017—2020 年				2021—2025 年
		2014	2015	2016	2017	2018	2019	2020	
天仙硐休闲农业园区		0	2 500	4 500	2 000	2 000	1 000		
护国镇农业体验区	纳溪	0	2 000	3 000	500	500			
白节生态旅游镇		0	3 000	2 000	2 000	1 000			
"幸福人家"慈竹乡村旅游区	龙马潭	500	2 500	3 000	1 000	1 000			
道林沟休闲旅游区	泸县	0	3 500	3 500	3 000				
佛宝休闲农业园区	合江	0	3 000	3 500	1 000	1 000	1 000	1 000	500
大黑洞休闲农业园区	古蔺	0	3 000	4 000	1 000	1 000	500	500	
丹山休闲农业园区	叙永	0	2 000	3 000	1 000	1 000	1 000	1 000	2 000
合计		2 000	29 000	34 000	15 500	9 000	4 000	3 000	4 500

八、加工物流产业

（一）建设目标

1. 总体目标

依托泸州农业资源，优化农产品加工产业结构，提升企业自主创新能力，增强市场竞争力，提高精深加工水平和副产物利用率，降低资源消耗，做到产业发展与人口资源环境相协调，进一步增强农产品加工业的可持续发展能力，培养一批产业化龙头企业，打造一批全国性的知名品牌，把泸州打造成川滇黔渝结合部精深加工基地和物流中心。

2. 阶段目标

到 2025 年，农产品加工业总产值（不含白酒、林竹、烤烟加工业）达到 1 200 亿元，年均增速达到 20%以上；新增全市国家、省级龙头企业分别达到 10 家以上和 50 家以上，新增年销售收入 1 亿元以上加工企业 100 家，5 亿元以上的达到 60 家，10 亿元以上的达到 25 家，新增年销售收入达到 50 亿元以上的企业 10 家，100 亿元企业 2~3 家，形成产业集群 5~8 个，培育国家知名品牌产品

10个以上，省级名牌产品20个以上。农产品加工转化率达到70%以上，二次加工率达到50%以上。农产品加工业与农业产值比重达到5∶1，企业综合利用产值占总产值比重达到40%以上。单位产值能耗降低20%，单位工业增加值用水量降低30%，工业固体废物综合利用率达到80%以上，主要污染物排放总量减少25%，见表6-45。

表6-45　现代加工物流产业发展目标

区县	指标	2014—2016 年			2017—2020 年				2021—2025 年
		2014	2015	2016	2017	2018	2019	2020	
江阳区	加工业产值（亿元）	30	40	49	64	81	100	122	240
	农产品加工率（%）	20	23	25	34	42	52	62	75
	新增超1亿元企业（个）	1	1	2	1	2	1	2	10
	新增超5亿元企业（个）			2		1	1	1	5
	新增超10亿元企业（个）				1	1		1	1
	新增超50亿元企业（个）					1			1
	国家知名品牌（个）				1				1
	省级知名品牌（个）			1		1	1		1
龙马潭区	加工业产值（亿元）	38	50	61	80	101	125	153	300
	农产品加工率（%）	20	25	30	35	42	53	65	80
	新增超1亿元企业（个）	1	2	3	3	4	3	3	16
	新增超5亿元企业（个）		1	2	1	2	1	2	8
	新增超10亿元企业（个）		1		1		1		3
	新增超50亿元企业（个）			1		1			1
	国家知名品牌（个）			1			1		1
	省级知名品牌（个）			1	1		1	1	1
纳溪区	加工业产值（亿元）	18	24	29	38	49	60	73	144
	农产品加工率（%）	20	23	30	35	40	50	60	75
	新增超1亿元企业（个）	1	1		1	2	2	1	8
	新增超5亿元企业（个）		1		1	1		1	4
	新增超10亿元企业（个）			1					1
	新增超50亿元企业（个）						1		1
	国家知名品牌（个）				1				1
	省级知名品牌（个）		1		1	1			2
泸县	加工业产值（亿元）	23	30	37	48	61	75	92	180
	农产品加工率（%）	15	18	25	35	42	50	58	72
	新增超1亿元企业（个）			1	2	1	1	1	8
	新增超5亿元企业（个）			1		1	1	1	4
	新增超10亿元企业（个）			1	1				2
	新增超50亿元企业（个）				1				1
	国家知名品牌（个）					1			1
	省级知名品牌（个）			1				1	2

（续表）

区县	指标	2014—2016年			2017—2020年				2021—2025年
		2014	2015	2016	2017	2018	2019	2020	
合江县	加工业产值（亿元）	20	26	32	42	53	65	79	156
	农产品加工率（%）	15	18	22	30	35	40	55	70
	新增超1亿元企业（个）	1		1	2	1	1	1	8
	新增超5亿元企业（个）			1		1	1	1	4
	新增超10亿元企业（个）				1	1			2
	新增超50亿元企业（个）						1		1
	国家知名品牌（个）				1			1	1
	省级知名品牌（个）			1		1		1	2
叙永县	加工业产值（亿元）	12	16	20	26	32	40	49	96
	农产品加工率（%）	12	15	20	25	35	38	50	62
	新增超1亿元企业（个）		1		1	1		1	6
	新增超5亿元企业（个）				1	1	1	1	2
	新增超10亿元企业（个）			1					1
	新增超50亿元企业（个）							1	1
	国家知名品牌（个）					1			1
	省级知名品牌（个）		1		1		1		2
古蔺县	加工业产值（亿元）	11	14	17	22	28	35	43	84
	农产品加工率（%）	10	12	18	25	32	38	45	58
	新增超1亿元企业（个）		1		1	1	1		4
	新增超5亿元企业（个）				1		1		2
	新增超10亿元企业（个）					1			1
	新增超50亿元企业（个）								1
	国家知名品牌（个）				1				1
	省级知名品牌（个）				1		1		2
合计	加工业产值（亿元）	150	200	245	320	405	500	610	1 200
	农产品加工率（%）	16	19	24	31	38	46	56	70
	新增超1亿元企业（个）	4	6	7	11	12	9	9	60
	新增超5亿元企业（个）	0	2	6	4	7	6	7	29
	新增超10亿元企业（个）	0	1	3	4	3	1	1	11
	新增超50亿元企业（个）	0	0	1	1	2	2	1	7
	国家知名品牌（个）	0	0	2	3	2	1	1	7
	省级知名品牌（个）	0	2	4	4	3	4	3	12

（二）建设路径

利用泸州农业资源优势、区位优势和交通优势，积极吸引社会资本投资农产品加工业，将具有优势竞争力的粮油、果蔬、畜禽、林竹、特早茶等产业进行加工链的延伸，形成以粮面制品加工、白酒酿造、肉制品加工、果蔬饮料加工、休闲食品加工、调味品加工为主的多元化农产品加工格局。通过引导和扶持，推动农产品加工项目向园区集中、企业向园区集中、加工创新要素向园区汇聚，打造农产品加工产业集聚的平台。对已经形成区域化布局和加工企业群的地方，引导建设高起点、高标准的主导农产品加工基地，引导加工企业向基地集聚。鼓励有实力的加工企业通过资产重组、控股等多种形式进行扩张，提高质量、提升档次、打响品牌（图6-7~图6-10）。

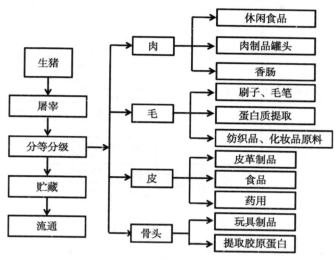

图6-7　生猪屠宰和加工链条

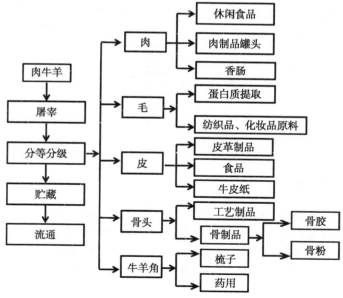

图6-8　牛羊屠宰和加工链条

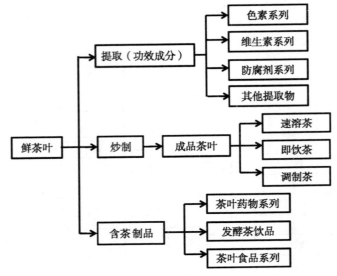

图 6-9　茶叶加工链条

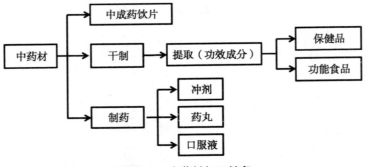

图 6-10　中药材加工链条

（三）产业布局

依托泸州当地资源和各产业发展基础，以现有企业、加工集聚区和园区为基础，以推进未来农产品加工业发展为主线，规划农产品加工业发展布局，形成以果蔬加工、粮油加工、特产加工、畜禽屠宰加工、农产品物流等为主导的农产品加工产业集群。其中，精深加工和物流布局见表 6-46 至表 6-51，农产品粗加工布局见专题规划。

表 6-46　泸州市水果精深加工区域布局

项目名称	区县	区域范围（乡镇）
龙眼精深加工	泸县	海潮、兆雅
甜橙精深加工	古蔺县	马蹄
	叙永县	赤水

表 6-47　泸州市蔬菜精深加工区域布局

项目名称	区县	区域范围（乡镇）
蔬菜精深加工	江阳区	况场（泸州市蔬菜加工示范基地）
	龙马潭区	安宁、鱼塘、石洞（泸州市农产品加工物流园区）
食用菌精深加工	叙永县	叙永（泸州市食用菌加工示范基地）
	纳溪县	合面

表 6-48　泸州市粮油精深加工区域布局

项目名称	区县	区域范围（乡镇）
泸县粮食现代加工物流产业园区	泸县	福集
食用油精深加工	古蔺县	古蔺（油用牡丹加工）
	叙永县	叙永（油茶加工）
饲料加工	泸县	福集

表 6-49　茶叶和中药材加工区域布局

项目名称	区县	区域范围（乡镇）
泸州特早茶加工园区	纳溪区	护国、天仙、渠坝
叙永县茶加工区	叙永县	叙永
古蔺县茶加工区	古蔺县	德耀
合江佛心茶加工基地	合江县	九支
特色保肝中药材加工产业园	泸县	福集
	古蔺县	古蔺
合江中药材加工产业园	合江县	福宝

表 6-50　泸州市养殖精深加工区域布局

项目名称	区县	区域范围（乡镇）
生猪屠宰和精深加工	泸县	得胜
	合江县	合江
牛羊屠宰和精深加工	叙永县	兴隆乡
兔禽屠宰和精深加工	叙永县	叙永
水产品加工	江阳区	弥陀

表 6-51   泸州市农产品物流业区域布局

项目名称	区县	区域范围（乡镇）
泸州市农产品加工物流园区	龙马潭区	鱼塘、安宁、石洞（含临港产业物流园区）
农产品产地贮藏保鲜和产地交易市场	泸县	潮河、海潮、太伏、福集、兆雅
	龙马潭区	金龙、胡市、特兴
	江阳区	江弥陀、黄舣、况场、通滩
	合江县	合江、密溪乡、白米、虎头、实录、大桥、尧坝
	纳溪区	护国、天仙
	古蔺县	马蹄、马嘶苗族、椒园、白泥、水口、丹桂、石宝、二郎
	叙永县	赤水、水潦彝族、石坝彝族、龙凤

（四）建设项目

选择重点产业加工、市场物流、园区建设三大类工程，开展农产品加工物流项目布局，延长产业链，提升附加值，打造区域知名产业集群，逐步提升品牌形象，促进农业现代化与工业化、信息化的融合。

1. 重点产业加工工程

（1）生猪、肉牛屠宰和深加工。

建设地点：泸县得胜镇（或合江县合江镇）、叙永县兴隆乡。

建设内容与规模：在已有的畜禽加工产业基础上，重点打造年屠宰加工 100 万头生猪和 10 万头肉牛的的现代化猪牛屠宰和肉品加工企业，生产以及销售各类鲜肉以及副产品。新建厂房、购置设备，两条猪牛屠宰、分割流水生产线和下货加工生产线。屠宰分割肉供应本地市场，其余部分用于深加工，下货经加工后出售，猪皮和牛皮可直接供应皮革制品厂，粪便作为有机肥料，用于农业生产。引进先进畜禽产品精深加工技术，开发休闲食品、肉制品罐头、香肠等系列畜禽精深加工产品。

（2）茶叶加工园区。

建设地点：纳溪区护国镇、天仙镇、渠坝镇。

建设内容与规模：在园区重点新建和扩大标准化茶叶加工厂 5 个（每个厂的加工设备能满足 5 000 亩茶园基地鲜叶加工要求），解决新增基地的茶叶加工。引进名优茶清洁化加工生产线 10 条，提高原有加工企业的加工水平，提升茶叶品质。力争在园区内培育国家级龙头企业 2 家，省、市级龙头企业 20 家。

引进和改进特早茶炒制加工工艺，开发茶叶新产品。新建纳溪特早茶营销展示中心，新建纳溪特早茶直销门市 50 个（全国范围）；新建泸州市茶叶加工技术推广和培训中心，开展技术培训。

（3）中草药加工园区。

建设地点：泸县福集泸州市医药园区，辐射泸县百和镇、江阳区泰安镇（高新技术产业园区）、合江县福宝镇等地区。

建设内容与规模：打造"三大平台"，即泸州医药产业园大学科技园、泸州新药评价体系（新药安全评价研究中心、药理评价研究中心、药物代谢研究中心、成药性评价研究中心、临床药理中心、药物分析检测中心、公共检测中心）、企业孵化园；构建"三大体系"，即泸州医药产业扶持政策体系、泸州医药产业科技创新体系、泸州医药产业服务体系；形成"三大集群"，即以道地药材 GAP 种植、制药为核心的生物医药产业集群，以三甲医院为核心的医疗康健服务集群，以制药、医学护理、康复等专业为核心的职教集群。

（4）龙眼综合加工项目。

建设地点：泸县潮河、兆雅。

建设内容与规模：对泸州龙眼进行产地商品化处理、初加工和精深加工，包括一般商品化处理、干燥加工、制汁加工、制粉加工等。

通过引入高效节能干燥技术，建设年干燥加工 1 万吨龙眼生产线 2 条，建设年产 200 吨龙眼粉和造型果片生产线一条。引进先进的果品休闲食品生产技术，开发膨化龙眼脆果、半干龙眼制品等新型产品。充分利用龙眼加工副产物，通过发酵技术、活性成分高效提取技术，实现龙眼资源全利用，打造龙眼产业循环经济。

（5）食用油加工产业园。

建设地点：古蔺县德耀、叙永县叙永。

建设内容与规模：重点建设万吨油用牡丹、油茶籽冷榨生产线 2 ~ 3 条、3 000 吨茶油、食用油精炼生产线 2 条、万吨油粕浸出生产线 4 条、4 000 吨功能强化油生产线 1 条、1 000 吨化妆品油注射用油生产线 1 条、5 000 吨皂素及系列产品生产线 1 条、万吨饲用蛋白饲料生产线 4 条、3.5 万吨国家食用油储备库。

（6）竹产业加工项目。

建设地点：叙永县、纳溪区、合江、古蔺为重点发展区（县）。

建设内容：维持泸州市现有银鸽纸业公司、泸州巨源纸业有限公司等两家大中型竹浆造纸企业，提升工艺。叙永县、合江县两个竹林大县大力发展竹笋加工业和竹家具加工。新建大中型竹纤维企业，打造泸州市的竹纤维产业名片。叙永县为重点发展区（县），合江为一般发展区（县）。积极培育龙头企业扩大产业集群效应，大力推进地标产品申竹炭、竹醋、竹饮制品集群企业，大力发展竹地板加工业，将泸州的竹材地板加工业建设成为四川省竹材地板的主要集中地和流通主渠道。

建设规模：合江县新建 1 家大型竹纤维企业，叙永县新建 1 家中型竹纤维企业和 1 家中型竹炭企业。

2. 市场与物流建设工程

（1）泸州市农产品加工物流园区。

实施地点：泸州市龙马潭区鱼塘镇、安宁镇、石洞镇（包含临港产业物流园区）。

建设内容：园区包括农产品仓储库、综合交易区、农产品周转码头、农产品物流网系统、农产品加工区等功能分区。

建设规模：新建 10~15 家农产品加工企业，培育 2~3 家农产品物流龙头企业。建设 10 万吨低温冷藏仓储库；建设 2 万吨低温冷冻仓储库。重点建设农产品物流网系统。在 400 千米运输半径的重庆、成都、贵阳等大中城市建一批泸州农产品营销网点，同时配备冷运设备设施。引进或利用成熟电子商务平台，大力发展电子商务。

（2）泸州市粮食加工物流产业园区。

建设地点：以港物流产业园区为核心，在龙马潭区鱼塘镇、安宁镇、石洞镇等乡镇建立泸州粮食加工物流产业园区。园区辐射泸县福集、云龙、得胜、太伏、天兴、牛滩、奇峰，合江县先滩、石龙、自怀，纳溪区渠坝、打古等乡，以及成都、重庆等内陆市州和云南、贵州相邻市州，发展粮食初加工、仓储、流通产业。

建设内容与规模：对当地特有的岩稻、罗沙稻等已有品牌进行商品化包装处理，进行水稻的初加工。另外，通过引入现代食品加工高新技术装备，重点发展食用与营养品质优良的鲜湿面、冷冻面、花色营养面、米粉等新型主食制品。园区围绕 6 个功能区进行布局。

——粮食中转贸易区：建设 10 万吨粮食中转仓、配送中心、电子商务与信息中心、接卸专用设备及运输工具等。

——粮油储备区：建设现代粮食储备仓 5 万吨，成品粮储备仓 1 万吨、食用油储备储油罐 1 万吨。

——粮食批发市场区：建设现货交易市场、检化验中心、批发综合楼等。

——粮油食品加工区：建设大米、挂面、杂粮、米粉以及粮油精深加工企业。

——综合服务区：建设综合大楼及配套设施。

——粮食专用码头：建配套粮食专用码头、配置粮食仓储设施设备、粮食散运散卸及运输配送设备。

（五）投资估算

现代物流加工业建设投资需求 60.26 亿元。其中，2014—2016 年 16.65 亿元，2017—2020 年 27.42 亿元，2021—2025 年 16.19 亿元，见表 6-52。

表 6-52 泸州市农产品加工产业投资概算 （单位：万元）

项目名称	项目地点	2014—2016 年			2017—2020 年				2021—2025 年
		2014	2015	2016	2017	2018	2019	2020	
泸州市农产品加工物流园区	龙马潭	32 000	50 000	40 800	35 000	28 000	25 000	30 600	119 400
生猪、肉牛屠宰和深加工项目	泸县	0	2 500	3 000	2 000	0	0		1 000
	合江	0	2 000	3 500	2 000	0	0	0	1 000
	叙永	0	0	0	4 000	2 000	0		2 000
泸州市粮食加工物流产业园区	泸县	0	0	9 000	5 000	5 000	5 000	0	0
	合江	0	0	5 000	4 000	3 500	3 300	0	0
	龙马潭	0	0	2 000	2 000	500	0	0	0
	江阳	0	0	3 000	3 350	3 500	3 000	0	0
	纳溪	3 000	1 650						
茶叶加工园区	纳溪	0	0	3 000	2 000	0	0	0	1 000
	叙永	0	0	0	2 000	0	0	0	500
	合江	0	0	0	2 000	0	0	0	500
	古蔺	0	0	0	1 000	0	0	0	500
中草药加工园区	泸县	0	0	0	0	20 000	15 000	0	8 000
	合江	0	0	0	0	15 000	10 000	0	8 000
	江阳	0	0	0	0	8 000	5 000	0	8 000
龙眼综合加工项目	泸县	0	2 000	3 700	0	2 400	2 400	0	2 000
食用油加工产业园	古蔺	0	0	0	0	0	5 000	10 000	5 000
	叙永	0	0	0	0	0	2 000	5 000	5 000
合计		35 000	58 150	73 000	64 350	87 900	75 700	45 600	161 900

九、进度安排

按照突出重点、分步实施的原则，有序推进"一带三区"建设项目，全面支撑泸州市现代农业建设（图 6-11）。

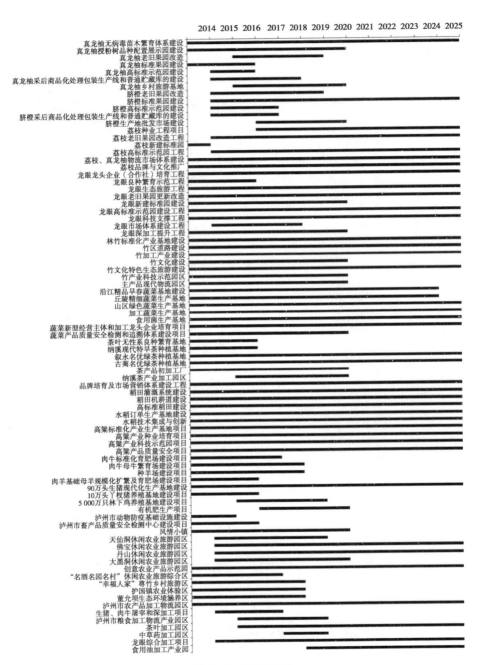

图 6-11　进度安排

第七章 投资估算与效益分析

一、投资估算

（一）产业投资

泸州市现代农业建设投资总需求 321.74 亿元。其中，2014—2016 年需要投资 126.65 亿元，2017—2020 需要投资 132.82 亿元，2021—2025 需要投资 62.27 亿元。投资估算见表 7-1。

表 7-1 产业总投资 （单位：亿元）

序号	产业	2014—2016	2017—2020	2021—2025	合计
1	精品果业	14.66	8.06	4.35	27.07
2	高效林竹	15.90	28.10	5.33	49.33
3	绿色蔬菜	12.98	15.96	10.26	39.20
4	特色经作	24.64	27.49	12.91	65.04
5	优质粮食	13.98	4.22	2.20	20.40
6	现代养殖	21.34	18.42	10.58	50.34
7	休闲农业	6.50	3.15	0.45	10.10
8	加工物流	16.65	27.42	16.19	60.26
	合计	126.65	132.82	62.27	321.74

（二）各区县投资概算

泸州市现代农业建设年度各区县投资需求见表 7-2。

表 7-2 各区县投资 （单位：亿元）

区（县）	合计	2014—2016 年			2017—2020 年				2021—2025 年
		2014	2015	2016	2017	2018	2019	2020	
江阳区	28.63	2.99	3.44	4.32	2.90	4.03	2.94	1.61	6.40

（续表）

区（县）	合计	2014—2016 年			2017—2020 年				2021—2025 年
		2014	2015	2016	2017	2018	2019	2020	
纳溪区	80.83	7.58	15.11	16.07	11.40	8.33	6.39	8.98	6.97
龙马潭区	48.73	4.65	6.83	6.37	5.19	4.02	3.17	3.83	14.67
泸县	39.46	2.45	5.25	6.07	4.10	7.14	5.36	1.67	7.42
合江县	54.50	6.37	9.61	8.75	5.18	6.88	5.7	3.37	8.64
古蔺县	32.92	2.13	3.81	3.79	3.71	3.06	3.34	4.33	8.75
叙永县	36.69	2.6	4.165	4.305	5.03	3.82	3.56	3.79	9.42
合计	321.76	28.77	48.215	49.675	37.51	37.28	30.46	27.58	62.27

二、效益分析

（一）经济效益

产业经济效益到 2016 年达到 137.0 亿元，预计到 2020 年各产业效益达到 290.59 亿元，2025 年达到 422.18 元。经济效益估算见表 7-3。

表 7-3　经济效益　　　　　　　　（单位：亿元/年）

序号	产业	2016 年	2020 年	2025 年
1	精品果业	15.75	40.51	57.97
2	高效林竹	11.22	33.61	44.86
3	绿色蔬菜	16.10	23.40	30.53
4	特色经作	16.32	31.16	45.20
5	优质粮食	4.5	8.6	12.0
6	现代养殖	29.68	59.25	68.12
7	休闲农业	4.6	20.1	42.0
8	加工物流	38.83	73.96	121.5
	合计	137.00	290.59	422.18

（二）社会效益

规划的实施将产生良好的社会效益，主要表现在以下方面。

1. 为市场提供优质安全的农产品

泸州现代农业产业建设，提倡绿色、特色、高效理念，结合当地特色优质产品，积极推动"三品一标"基地建设，为市场提供丰富、安全、优质的特色农产品，既保证了产量，又保证了安全，使泸州成为全国优质农产品生产基地，对四川乃至全国具有示范效应。

2. 为山区农业转型升级探索新道路

泸州地处我国西南山地，规划的实施可促进当地农用土地、劳动力、资金等生产要素的合理调整，提高土地生产率和劳动生产率；同时带动休闲农业的发展，增加农业附加值，推动现代农业高新技术创新、示范、推广等工作，促进科技成果的转化创新，加速传统农业向现代农业的转变，逐步探索山区农业发展道路，为泸州市农业转型升级探索出新路，亦可为我国西南山区农业发展提供模板，对全国类似地区具有示范作用。

3. 拓宽农民就业渠道、增加农民收入

泸州现代农业建设不仅能推动地方经济的发展，而且还能有效地带动农民收入的增加，为解决农村剩余劳动力就业提供有效的途径。农民可以就近参与种植、销售、加工等工作，增加工资性收入。同时，通过发展休闲观光产业，向游客销售优质安全的果蔬、肉禽等特色农产品，既增加农民就业，又增加农民收入。

（三）生态效益

规划的实施具有显著的生态效益。主要表现在以下方面。

泸州现代农业规划集中体现了特色化、绿色化、高效化经营理念，规划要求降低农药、化肥施用量，减少农药化肥污染，发展生态农业、循环农业，有效地保护生态环境。

规划的实施可促进产品综合开发、资源再生利用和规范化市场运营，提高泸州地区农业资源的合理开发和利用效率，有助于推动农业良性循环和可持续发展，具有巨大的生态效益。

第八章　保障措施

一、健全组织管理

加强组织领导。成立由市政府主要领导牵头，各部门参加的现代农业产业建设协调领导小组，明确规划目标、指标、任务、措施和建设内容的总体要求，负责研究、协调、解决在泸州现代农业产业发展建设过程中出现的一些重大问题，切实担负起领导责任，做好各项服务和保障工作。

强化部门协作。泸州现代农业的建设涉及发改、财政、水务、农业等多个部门，相关部门要各司其责，并且密切配合，将现代农业的建设目标分解到各部门、区（县），确保规划提出的各项任务落到实处，特别是国土及相关部门要重点保障土地供应。在重点扶持的物流集散交易市场和公益性设施比例较大的项目及农业园区建设过程中，要保障农业企业的项目用地。充分盘活和利用好现有存量建设用地，提高节约集约用地水平，保障土地需求。

完善考核机制。围绕泸州现代农业的发展目标，建立和完善工作考核评价体系。强化目标管理，建立完善考核奖励机制，加大现代农业和农村经济发展目标考核力度，把产业建设、高效农业发展、农民增收等纳入各级农业部门考核的重要内容，落实激励措施，加大督查考核，确保责任到位，措施到位，投入到位，共同推进现代农业建设。

二、加大资金投入

增加财政投入。加大各级财政支农力度，逐步建立泸州现代农业财政投入稳步增长机制。积极申报中央和省财政支农资金，设立市级专项扶持资金，区县政府充分利用现有财力为农业发展提供资金支持。建立财政投入资金池，构建涉农财政资金整合机制，以资金池的资金作为担保，帮助企业申请金融机构的担保贷款。

突出重点。各级财政资金在加大对优质粮食产业和特色主导产业种子种苗、科技推广、机械化、产业化与合作经营机制培育、基础设施建设等扶持力度的同时，蔬菜产业重点支持大棚设施建设，商品化处理等；茶叶产业重点支持低效低产茶园、茶树良种化工程、茶叶采制机械化、茶叶品牌推广等；果品产业重点支持果品优化改造、产后处理、品牌推广等；畜牧产业重点支持生态养殖小区建设、粪便无害化处理和良种引进等；水产养殖产业重点支持水产健康养殖示范基地、水产品新品种新技术推广等；竹产业重点支持林区作业道路建设、林竹高效集约利用项目；中药材产业重点支持以赶黄草、金钗石斛为主的道地药材示范基地建设等；加工物流业重点支持原料基地建设、产地初加工、冷链物流等；休闲农业重点支持小额信贷、从业人员培训、品牌推广等。

引导社会资金投入。优化投资环境，加大农业招商引资力度，积极吸引工商资本、金融资本、民间资本和外商资本投向泸州农业。大力发展"回归经济"，创造良好的回乡投资创业环境，鼓励、吸引更多家乡的成功商人参与泸州现代农业建设，注入内在动力。

拓宽农村投资融资渠道。全面落实强农惠农政策，引导更多的资金投入到农村。一是农行、信合、邮政储蓄银行要进一步创新金融产品和服务方式，扩展经营，积极推广农村小额信用贷款；二是建立和推广政策性农业保险试点，健全农业生产支持保护体系，增强农业生产抗御自然灾害的能力，保障农业增效、农民增收；三是建立政府财政资金与金融贷款、社会融资的组合使用制度，有效引导产业投资基金、大型企业集团、银行等投资重点生态环境保护工程；四是吸纳各类资金、物资、实物资产及知识产权，对农产品生产提供资金及技术支持。

三、创新发展机制

深化农村改革。坚持农村土地集体所有权，稳定农户承包权，放活土地经营权。建立区县、乡两级农村土地流转服务中心，加强农村土地承包经营权流转管理和服务，积极引导农村土地依法健康有序流转。推进农村土地流转，为农业产业规模化经营奠定基础，探索土地经营权抵押，增加农业开发融资渠道。建立农村产权交易中心，增加农业新型经营主体筹资渠道。

改革发展机制。按照"政府搭台、企业唱戏、农民参与"的原则，推进泸州现代农业建设。政府部门做好各项服务和保障工作，尤其要建立土地流转、家庭农场和农业经济合作组织等主体培育的办法和措施，健全农业社会化服务体系，为泸州现代农业建设的实施保驾护航。企业要发挥主观能动作用，科学实施具体的各项建设任务。农户要在各企业的带动下，规范操作，实现农业的增效增收，成为泸州现代农业发展的真正受益者。

强化项目整合申报。组织财政、发改、农业、林业、水务、交通、环保等部门，根据规划内容，建立特色主导农业开发项目库，精心编制项目实施方案，按照项目主管机构分类上报，确保项目竞争成功。

加大招商引资，促进大项目开发。加强项目库建设，高标准规划一批农业标准化生产示范基地，高起点建设现代农业加工物流园区，优化环境，搞好服务，增强招商引资竞争力，夯实招商基础，做到有项目、有载体、有保障。

拓宽融资渠道，激活金融投资。切实加大商业性金融支农力度，鼓励金融机构增加对"三农"的信贷投放。改善农村支付服务条件，畅通支付服务渠道。探索用农村土地承包经营权质押贷款和土地流转合同质押贷款的新途径，开展农村集体土地使用权、农民住宅所有权抵押贷款试点。扩大林权抵押贷款规模，强化林权抵押贷款工作。支持符合条件的农业产业龙头企业，通过多层次资本市场筹集发展资金。

四、推动产业化运作

引进和培育龙头企业。龙头企业是泸州现代农业发展的关键。结合八大主导产业，积极鼓励工商企业投资精深加工能力强、辐射带动面广的农业龙头企业。市财政安排专项资金，重点扶持50家左右的企业与农民建立稳定产销协作关系，特别是实行"订单"收购农产品和"二次返利"的骨干农产品加工企业和农产品批发市场。

大力发展农民专业合作组织。规范、创新农村合作经济组织运作机制，鼓励农业龙头企业、农技人员和农村能人领办农民专业合作社，特别是对育苗、病虫害防治等环节提供"统一服务"的专业合作社。市财政安排专项资金，重点扶持100家左右依法登记、规范运作、有一定规模的市级示范性农民专业合作社。支持农民专业合作社兴办农产品加工企业或参股龙头企业，发展"企业+合作社+农户，企业+基地+农户"的模式，完善龙头企业利益返还机制，大力推行订单生产、入股经营等方式组织生产，组建专业合作社、发挥有机农业协会作用，提高农户地位，保障农户利益。

加快农产品市场体系建设。大力支持特色农产品批发市场和配送中心建设，逐步形成辐射国内外的农产品连锁配送体系，促进农产品大流通。

五、加强市场推广

加快农业"三品"认证。把开展无公害、绿色和有机农产品认证，作为泸州农业品牌建设的重要内容。积极进行农业"三品"（无公害农产品、绿色食品和有机食品）认证工作，针对不同种类的产品以及同种产品不同品质的分别进行认证和注册。利用龙头企业带动和地方政府推动的形式，促进产品品牌的建立、塑造、提升与发展。

推进地理标志产品品牌建设。积极引导龙头企业参与地理标志认证。在地理标志商标的规范引导下，统一标准、统一商标、统一包装、统一营销，进一步促进泸州农业品牌整体发展。另外，鼓励和引导龙头企业和专业生产合作社争创著名商标、驰名商标和商标品牌基地，不断提高地理标志产品的市场知名度和竞争力，积极争取国家地理标志产品保护示范县等项目资金。

加强市场营销和产品推广。支持农产品行业协会等组织开展"泸州特早茶""精品水果""泸州竹子"等农产品推介活动，积极参加农交会、西博会农博会等重大农产品推介、交易和展示展销活动，深入开发茶文化、竹文化、荔枝文化、龙眼文化和柑橘文化等资源，提高泸州农产品知名度。充分利用平面媒体、户外媒体、网络媒体等方式进行宣传，提高泸州特色农产品的品牌知名度，促进泸州特色农产品的品牌传播。搭建泸州市农产品电子商务平台，组织和引导龙头企业与淘宝、京东、当当等大型电子商务企业合作，定期开展泸州特色农产品网络展销活动。

六、强化科技支撑

推进农业科技创新与推广运用。积极引进消化国内外先进农业技术，运用生物技术、工程技术、信息技术等高新技术，开展科学试验研究，为泸州现代农业建设提供有效的科技储备和支撑。推行基层农技人员包村联户制度，推广主导品种、主推技术，培训实施主体，逐步形成农技人员抓科技示范户、科技示范户带动普通农户的科技入户模式。

强化职业农民教育培训。一是开展农民技能培训。以农村实用技术培训工作为重点，按照"政府推动、市场运作、部门配合、农民受益"的原则，引导农民自愿参加培训、自主选岗就业，实施灵活多样的新型农民技能培训计划。二是设立农业创业机制。搭建农业人才创业平台，建立现代农业技术人才库，通过多种方式吸引国内外农业科技优秀人才来泸州创业或开发项目，尤其在工作、生活条件等方面给予优惠待遇，营造拴心留人的良好氛围。三是发挥科技示范户的作用。在主导产业重点区，选择种养水平较高的农户作为科技示范户，落实农技人员联系指导。通过科技示范户的带动，促进先进适用农业技术推广，提高科技到位率。

培育现代农业企业家。创造良好政策环境，培育、引进一批有远见、有能力、有责任的"三有"现代农业企业家，推动产业组织方式创新和管理升级，促进现代农业健康发展。

七、保护资源环境

治理农业农村生态环境。探索实施农膜回收、有机肥、低毒低残留农药使用补助政策，治理土壤污染，加强农村垃圾和畜禽粪便资源化利用处理，夯实现代农业发展的生态基础。

保护水土资源。实施最严格的耕地保护制度，坚守耕地资源"红线"，落实耕地保护目标责任制度，把基本农田落实到地块和农户。加强耕地质量管理和建设，推进高标准农田建设，推广测土配方施肥技术，搞好有机肥综合利用与无害化处理。合理配置生产、生活和生态用水，大力推广节水技术和设备，逐步建立节水高效种植模式和灌溉制度，提高水资源利用效率，最大限度地减少单位产出对水资源的消耗和对生态环境的污染。

强化农产品产地环境安全监管。加强农产品产地环境监管，强化农产品产地重金属污染普查和监测预警。实施项目开发环境影响的前置评价，开展农产品产地安全监测，建立农产品产地安全档案，实行农产品产地分级分类管理。建立健全农产品产地安全监控网络，推广农业标准化生产，大力发展"三品一标"农产品，确保农产品质量安全。

推广循环农业生产方式。推广节地、节水、节肥、节能等资源节约型技术，推进形成"资源—产品—废弃物—再生资源"的循环农业方式，推动以沼气为主的"一建三改"和大中型养殖场沼气工程建设。推进清洁田园、清洁水源和生态家园建设，创建美丽乡村。

附表1 泸州市各区（县）现代农业建设重点项目

附表1-1 江阳区现代农业建设重点项目

序号	项目名称	建设内容	投资（万元）	建设地点
1	笋材两用竹林基地	基地面积27.9万亩。其中低产低效林改造面积20万亩，新增竹林面积7.9万亩	1 870	江阳区方山、泰安、江北等
2	蔬菜产品质量安全监管体系	建立泸州市农产品质量安全检测体系和农产品质量安全追溯体系	7 000	江阳区
3	加工蔬菜生产基地	重点打造江阳新型粮经复合产业园，发展机械化、规模化和集约化加工蔬菜生产	900	江阳区分水岭、况场、泰安等
4	丘陵精细蔬菜生产基地	重点打造江阳区国家现代农业示范园、龙马潭区丘陵特色蔬菜标准园和纳溪区丘陵绿色蔬菜标准园。发展现代设施大棚栽培以及规模化种植基地	52 000	江阳区分水岭、黄舣、弥陀、通滩等
5	沿江精品早春蔬菜基地	重点打造合县大桥沿江精品蔬菜标准园。因地制宜发展露地精品蔬菜和大棚设施精品蔬菜，2016年种植面积12.68万亩，设施面积7.4万亩；2020年14.18万亩，其中设施面积9.3万亩；2025年16.18万亩，设施面积11.5万亩	12 000	江阳区华阳、方山、况场、江北等
6	龙眼市场体系建设工程	建设直达乡村、农户的龙眼信息服务网络，提供方便、快捷、实用的农产品市场、农技咨询等服务；龙眼产地批发市场，方便果农销售和客商采购及处理，其中泸州市泸县2个、江阳区1个、龙马潭区1个	100	江阳区弥陀、黄舣、华阳街道等
7	龙眼高标准示范园建设工程	创建35个规模在1 000亩以上的标准化基地，将标准化生产贯穿于生产全过程，建设内容为良种栽培与先进技术应用、田间道路、主要产区道路扩（改）建、生产便道建设、水利设施、土地整理、种苗、肥料等	2 000	江阳区弥陀、黄舣，况场等
8	龙眼新建标准园工程	全市龙眼新发展5.5万亩，其中建设标准果园5.5万亩	3 000	江阳区弥陀、黄舣，况场等
9	龙眼老旧果园更新改造工程	提升原有基地基础设施配套，通过良种改造全市龙眼果园10万亩	6 000	江阳区弥陀、黄舣，况场等
10	龙眼良种繁育示范工程	1 500亩品种示范园，种植重点推广的龙眼优良品种，每个品种进行多点示范栽培，每个品种在各示范点种植面积不少于10亩	400	江阳区弥陀、黄舣，况场等

（续表）

序号	项目名称	建设内容	投资 （万元）	建设地点
11	龙眼龙头企业（合作社）培育工程	培育2个国家级龙头企业，3个省（市）级龙头企业，5个区（县）级龙头企业，龙眼生产专业村和规模化乡扶持50个果农经济合作组织	400	江阳区弥陀、黄舣
12	荔枝种业工程项目	新品种引进观察园土地准备（50亩）、种植准备（挖坑、施肥等）、种植（按每亩55株的标准）、设施建设（道路、肥水药一体化、实用机具）等	50	江阳区
13	高粱产品质量安全项目	研究制定高粱生产技术规程，加强对高粱基地土壤质量状况的监测、加强对进入流通市场的高粱的质量监测等，确保原料产品质量安全	1 000	江阳区黄舣、弥陀
14	高粱产业科技示范园项目	以泸州老窖现代农业示范园区为依托，围绕高粱产前、产中、产后，建立泸州酿酒高粱研发中心、制种中心、推广中心、交易中心和标准化种植示范中心。并以该中心为依托，辐射带动全市高粱种植水平的提高，最终形成酿酒高粱研发、制种、交易中心；建设规模：2 000亩	18 000	江阳区黄舣、弥陀
15	高粱产业种业培育项目	常规种繁育基地400亩，供10万千克种子生产能力；杂交糯高粱种子繁育基地400亩，供10万千克种子生产能力	1 000	江阳区江北、丹林、黄舣等
16	高粱标准化产业生产基地项目	建设面积30万亩，主要用于调整田型、修建田网、路网、渠网，蓄水池等，改造中低产田；2014—2016年完成泸州老窖现代农业示范区1万亩建设任务和泸州老窖有机高粱标准化示范区（石寨、通滩、胡市、金龙、海潮）3万亩建设任务；2017—2025年按照每年建设高粱高产高效栽培标准化生产示范区3万亩任务推进	14 000	江阳区石寨、通滩
17	水稻技术的集成与创新	"杂交中稻—再生稻"种植模式的机插机收配套技术研究与示范区，建立规模1.3万亩	20 000	江阳区分水岭、弥陀
18	泸州市动物防疫基础设施建设	完善市县两级动物防疫执法基础设施，健全疫苗储藏设施，配备防疫执法车辆用具，储备防疫应急物资；建设市级数字化动物疫病监控追溯平台、县级乡级监控网点，与农业部动物疫病追溯体系连网，强化对动物养殖、加工企业的数字化监管；新完善动物疫情监测、信息收集、分析、处理、报告等设备设施，健全动物疫病检测体系	400	江阳区
19	5 000万只林下鸡养殖基地建设项目	建设1个标准化种鸡场或孵化中心，在江阳区等区县88个乡镇建设100个育雏中心和3 000个林下鸡养殖基地，2025年达到年出栏林下鸡5 000万只	6 000	江阳区通滩、泰安、弥陀等

（续表）

序号	项目名称	建设内容	投资（万元）	建设地点
20	对肉羊基础母羊规模化扩繁及育肥场建设项目	对肉羊养殖场进行改扩建，建立存栏羊数量在30~100只规模的家庭农场；存栏数量在100~300只规模的羊场，存栏数量在300~500只规模的羊场700个。对现有羊场进行圈舍的改扩建，配套建设相应的青贮窖、饲料储存间，并根据圈养容量建设3 000座沼气处理池。根据当地玉米青贮、饲草种质情况购置适当类型的牧草收割机（中小型）、粉碎机、饲料运输车、TMR等设备，并进行相关水电、道路等基础设施建设。通过土地流转承包进行大片的饲草料地建设	2 500	江阳区石寨、黄舣、分水岭等
21	种羊场建设项目	在江阳区石寨实施标准化圈舍的改扩建，建设1个保种场和3个扩繁场，建成存栏种羊1 000只以上的标准化羊场。建设相应的青贮窖、饲料储存间，配套建设粪污处理设施。根据玉米青贮、饲草种质情况购置适当类型牧草收割机（中小型）、粉碎机、饲料运输车TMR等设备，进行相关水电、道路等基础设施建设。通过土地流转承包进行大片的饲草料地建设	1 000	江阳区石寨、黄舣、分水岭等
22	创意农业产品示范园	新科技和栽培技术应用展示区、农业废弃物创意利用区、农产品用途转化利用示范区	10 000	江阳区
23	董允坝综合农业示范体验区	温室种植技术示范大棚、花卉温室大棚、游客采摘区	5 000	江阳区弥陀和分水岭的董允坝现代农业园区
24	"名酒名园名村"休闲农业综合区	酿酒体验区泸州老窖酒文化小镇	10 000	江阳区黄舣和弥陀2个乡镇，9个农业行政村，以永兴村为主
25	中草药加工园区	建设"三大平台"，即泸州医药产业园大学科技园、泸州新药评价体系、企业孵化园；构建"三大体系"，即泸州医药产业扶持政策体系、泸州医药产业科技创新体系、泸州医药产业服务体系；形成"三大集群"，即生物医药产业集群、医疗康健服务集群、职教集群	21 000	泸县福集镇州市医药园区，辐射泸县百和、江阳区泰安、合江县福宝等地区
26	泸州市畜产品质量安全检测中心建设项目	采购气相色谱仪、细菌鉴定仪器和检测三聚氰胺、瘦肉精、兽药饲料、动物产品等必须的仪器设备，对现有实验室进行改造，重新布局安排，主要建设畜产品安检室、分子生物检测室等，健全泸州市畜产品质量安全检测体系	3 000	泸州市
27	泸州市动物防疫基础设施建设	完善市县两级动物防疫执法基础设施，健全疫苗储藏设施，配备防疫执法车辆、防疫用具，储备防疫应急物资；建设市级数字化动物疫病监测追溯平台、县级乡级监控网点，与农业部动物疫病追溯体系连网，强化对动物养殖、加工企业的数字化监管；新完善动物疫情监测、信息收集、分析、处理、报告等设备设施，健全动物疫病检测体系	1 700	泸州市

附表1-2 龙马潭区现代农业建设重点项目

序号	项目名称	建设内容	投资（万元）	建设地点
1	食用菌生产基地	发展食用菌露地栽培和大棚栽培模式。2016年种植袋数3 850万袋，2020年6 400万袋，2025年1亿袋	550	龙马潭区安宁、胡市、石洞等
2	丘陵精细蔬菜生产基地	重点打造丘陵特色蔬菜标准园和纳溪区丘陵绿色蔬菜标准园。发展现代设施大棚栽培以及规模化种植基地	9 000	龙马潭区特兴、金龙、胡市、长安等
3	沿江精品早春蔬菜基地	因地制宜发展露地精品蔬菜和大棚设施精品蔬菜，2016年种植面积12.68万亩，设施面积7.4万亩；2020年14.18万亩，其中设施面积9.3万亩；2025年16.18万亩，设施面积11.5万亩	4 500	龙马潭区特兴、金龙、胡市、长安等
4	龙眼市场体系建设工程	建设1个直达乡村、农户的龙眼信息服务网络，提供方便、快捷、实用的农产品市场、农技咨询等服务；龙眼产地批发市场，方便果农销售和客商采购及处理	100	龙马潭区
5	龙眼高标准示范园建设工程	创建35个规模在1 000亩以上的标准化基地，将标准化生产贯穿于生产全过程，建设内容为良种栽培与先进技术应用、田间道路、主要产区道路扩（改）建、生产便道建设、水利设施、土地整理、种苗、肥料等	3 000	龙马潭区金龙、胡市、特兴等
6	龙眼新建标准园工程	全市龙眼新发展5.5万亩，其中建设标准果园5.5万亩	1 500	龙马潭区金龙、胡市、特兴等
7	龙眼老旧果园更新改造工程	提升原有基地基础设施配套，通过良种改造全市龙眼果园10万亩	4 500	龙马潭区金龙、胡市、特兴等
8	龙眼良种繁育示范工程	1 500亩品种示范园，种植重点推广的龙眼优良品种，每个品种进行多点示范栽培，每个品种在各示范点种植面积不少于10亩	300	龙马潭金龙、胡市、特兴区
9	龙眼龙头企业（合作社）培育工程	培育2个国家级龙头企业，3个省（市）级龙头企业，5个区（县）级龙头企业。龙眼生产专业村和规模化乡扶持50个果农经济合作组织	400	龙马潭金龙、胡市、特兴区
10	高粱产业种业培育项目	常规种繁育基地400亩，供10万千克种子生产能力；杂交糯高粱种子繁育基地400亩，供10万千克种子生产能力	1 000	龙马潭区高粱主产区
11	高粱标准化产业生产基地项目	建设面积30万亩，主要用于调整田型、修建田网、路网、渠网，蓄水池等，改造中低产田；2014—2016年完成泸州老窖现代农业示范区1万亩建设任务和泸州老窖有机高粱标准化示范区（石寨、通滩、胡市、金龙、海潮）3万亩建设任务；2017—2025年按照每年建设高粱高产高效栽培标准化生产示范区3万亩任务推进	14 000	龙马潭胡市、金龙

（续表）

序号	项目名称	建设内容	投资（万元）	建设地点
12	泸州市动物防疫基础设施建设	完善市县两级动物防疫执法基础设施，健全疫苗储藏设施，配备防疫执法车辆、防疫用具，储备防疫应急物资；建设市级数字化动物疫病监控追溯平台、县级监控中心、乡级监控网点，与农业部动物疫病追溯体系连网，强化对动物养殖、加工企业的数字化监管；新完善动物疫情监测、信息收集、分析、处理、报告等设备设施，健全动物疫病检测体系	400	龙马潭区
13	5 000 万只林下鸡养殖基地建设项目	建设 1 个标准化种鸡场或孵化中心，在龙马潭等区县 88 个乡镇建设 100 个育雏中心和 3 000 个林下鸡养殖基地，2025 年达到年出栏林下鸡 5 000 万只	6 000	龙马潭区金龙、特兴、长安、胡市
14	"幸福人家"慈竹乡村旅游区	休闲农庄、农园、果蔬篱园、幸福人家、生态垂钓园（渔家乐）、乡村度假酒店等	8 000	龙马潭区长安和特兴两个镇的新农村示范区，以慈竹村为核心区
15	泸州市农产品加工物流园区	建设内容包括农产品仓储库（建设 10 万吨低温冷藏仓储库、2 万吨低温冷冻仓储库）、农产品综合交易区、农产品周转码头、农产品物流网系统。重点建设农产品加工基地，在中心及其周边新建 10~15 家农产品加工企业，培育 3~5 家农产品物流龙头企业	360 800	龙马潭区鱼塘、安宁、石洞（含临港物流园区）
16	蔬菜新型经营主体和龙头企业培育	培育种植规模达到 1 万亩以上的龙头企业 3~5 家，达到 2 000 亩的专业合作社 20 个	18 500	泸州市农产品加工物流园
17	泸州市粮食加工物流产业园区	主要建设粮食中转贸易区、粮油储备区、粮食批发市场等、粮油食品加工区、综合服务区、粮食专用码头等内容，引入和完善粮食物流信息系统	62 800	龙马潭区鱼塘镇、安宁镇、石洞镇

附表 1-3　纳溪区现代农业建设重点项目

序号	项目名称	建设内容	投资（万元）	建设地点
1	笋用竹林基地	基地面积 31.12 万亩。其中低产低效林改造面积 20 万亩，新增竹林面积 11.12 万亩	3 130	纳溪区渠坝、新乐等
2	浆用竹林基地	基地面积 41.8 万亩。其中低产低效林改造面积 30 万亩，新增竹林面积 11.8 万亩	11 400	纳溪区上马、打古、合面等
3	材用竹林基地	基地面积 70.7 万亩。其中低产低效林改造面积 50 万亩，新增竹林面积 20.7 万亩	2 000	纳溪区护国、白节
4	笋材两用竹林基地	基地面积 27.9 万亩。其中低产低效林改造面积 20 万亩，新增竹林面积 7.9 万亩	3 110	纳溪区棉花坡、天仙、白节、护国
5	竹种苗木繁育基地	基地面积 6 000 亩。其中叙永县 3 000 亩，合江县 2 000 亩，纳溪 1 000 亩	130	纳溪区白节

（续表）

序号	项目名称	建设内容	投资（万元）	建设地点
6	竹产企业加工园区	主要引进技术先进，生产低碳环保生态型产品为主的大中型企业。建设内容涉及竹笋制品、竹浆造纸、竹家具/竹装饰品、竹炭和竹饮制品系列、竹纤维、竹工艺品等系列产品，占地面在 150~800 亩之间	374 600	纳溪区新乐
7	竹文化建设	生产、研发、应用、体验、文化展示、商贸、科普教育和旅游观光等功能区，竹文化博物馆、竹酒文化博物馆和竹种园各 1 个，占地 1 080 亩	18 000	纳溪区白节（项目库在合江，重点建设写在纳溪区）
8	现代物流园区	建设内容包括仓储区、展示展销区、集装箱区、包装作业区、转运区、配送区、综合服务区等功能区。占地 300 亩	20 000	纳溪区新乐
9	纳溪特色农产品交易市场	项目占地面积 200 亩，建设内容包括特色农产品展示交易大厅、交易店铺、物流运转库房、信息化处理中心等 80 000 平方米	12 000	纳溪护国
10	茶叶加工园区	新建和扩大标准化茶叶加工厂 5 个（每个厂的加工设备能满足 5 000 亩茶园基地鲜叶加工要求）。引进名优茶清洁化加工生产线 10 条。新建茶加工技术研究中心、特早茶营销展示中心、茶加工技术推广培训中心	12 500	纳溪区护国、天仙、渠坝
11	茶产品初加工体系	新建茶叶初加工厂 30 个，包括生产厂房及配套设计建筑工程、生产设备引进；建成后年新增茶叶加工能力约 2.3 万吨	11 183	纳溪大渡口、护国、打古、上马等
12	纳溪现代特早茶产业基地	新建高标准、规范化特早茶园 9 万亩，改造老旧茶园 18 万亩	119 118	纳溪护国、大渡口、天仙、上马
13	食用菌生产基地	发展食用菌露地栽培和大棚栽培模式。2016 年种植袋数 3 850 万袋，2020 年 6 400 万袋，2025 年 1 亿袋	950	纳溪区大渡口、合面、护国、上马、白节、丰乐等
14	加工蔬菜生产基地	重点打造新型粮经复合产业园，发展机械化、规模化和集约化加工蔬菜生产	1 000	纳溪区白节和丰乐
15	山区绿色蔬菜生产基地	重点打造山区蔬菜和食用菌标准园。种植错季蔬菜，绿色、有机等高端蔬菜产品	1 000	纳溪区打古、白节和护国
16	丘陵精细蔬菜生产基地	重点打造特色蔬菜标准园，发展现代设施大棚栽培以及规模化种植基地	17 000	纳溪区天仙、白节、丰乐、龙车、护国等
17	沿江精品早春蔬菜基地	因地制宜发展露地精品蔬菜和大棚设施精品蔬菜，2016 年种植面积 12.68 万亩，设施面积 7.4 万亩；2020 年 14.18 万亩，其中设施面积 9.3 万亩；2025 年 16.18 万亩，设施面积 11.5 万亩	6 000	新乐、大渡口及棉花坡镇

（续表）

序号	项目名称	建设内容	投资（万元）	建设地点
18	茶叶无性系良种繁育基地	总占地面积 1 850 亩，建成后年繁育良种茶苗 3.7 亿株，内容包括遮阳网棚、土地平整、道路、灌溉设施、土壤改良等基础设施，农机具、仪器设备购置、优质茶品种引进	805	纳溪护国梅岭村叙永镇红岩、宝元村等
19	高粱产业科技示范园项目	以泸州老窖现代农业示范园区为依托，围绕高粱产前、产中、产后，建立泸州酿酒高粱研发中心、制种中心、推广中心、交易中心和标准化种植示范中心。以该中心为依托，辐射带动全市高粱种植水平的提高，最终形成酿酒高粱研发、制种、交易中心；建设规模为 2 000 亩	18 000	纳溪大渡口
20	泸州市动物防疫基础设施建设	完善市县两级动物防疫执法基础设施，健全疫苗储藏设施，配备防疫执法车辆、防疫用具，储备防疫应急物资；建设市级数字化动物疫病监控追溯平台、县级监控中心、乡级监控网点，与农业部动物疫病追溯体系连网，强化对动物养殖、加工企业的数字化监管；新完善动物疫情监测、信息收集、分析、处理、报告等设备设施，健全动物疫病检测体系	400	纳溪区
21	有机肥生产项目	建 1 处有机肥厂，辐射带动乡镇养殖场实施粪污无害化处理和资源化利用。投资建设厂房及附属用房、购置相关设备，年产 15 万吨有机肥的生产能力	1 200	纳溪区天仙等
22	5 000 万只林下鸡养殖基地建设项目	1 个标准化种鸡场或孵化中心，在纳溪区等市各区县 88 个乡镇建设 100 个育雏中心和 3 000 个林下鸡养殖基地，2025 年达到年出栏林下鸡 5 000 万只	6 000	纳溪区天仙、大渡口、渠坝等
23	90 万头生猪现代化生产基地建设	依托龙头企业建设一批标准化生猪规模养殖场（小区），充分考虑生物安全、动物防疫、环境消纳等因素，建种猪场、仔猪繁殖场、商品猪寄养场，出栏 30 万为 1 个单元，1 个单元包括 1 个种猪场，3 个存栏母猪 6 000 头的仔猪繁殖场，300 个年出栏 1 000 头规模的寄养场（生猪养殖家庭农场）	35 000	纳溪区天仙、大渡口、合面等
24	肉羊基础母羊规模化扩繁及育肥场建设项目	对肉羊养殖场进行改扩建，建立存栏羊数量在 30~100 只规模的家庭农场；存栏数量在 100~300 只规模的羊场 1 200 个，存栏数量在 300~500 只规模的羊场 700 个对现有羊场进行圈舍的改扩建，配套建设相应的青贮窖、饲料储存间，并根据饲养容量建设 3 000 座沼气处理池。根据当地玉米青贮、饲草种质情况购置适当类型的牧草收割机（中小型）、粉碎机、饲料运输车、TMR 等设备，并进行相关水电、道路等基础设施建设。通过土地流转承包进行大片的饲草料地建设	2 500	纳溪区丰乐、白节、渠坝

（续表）

序号	项目名称	建设内容	投资（万元）	建设地点
25	种羊场建设项目	实施标准化圈舍的改扩建，建设 1 个保种场和 3 个扩繁场，建成存栏种羊 1 000 只以上的标准化羊场。配套建设相应的青贮窖、饲料储存间，并根据饲养容量配套建设粪污处理设施。根据当地玉米青贮、饲草种质情况购置适当类型的牧草收割机（中小型）、粉碎机、饲料运输车 TMR 等设备，并进行相关水电、道路等基础设施建设。通过土地流转承包进行大片的饲草料地建设	1 000	纳溪区丰乐、白节、渠坝
26	肉牛母牛繁育场建设项目	对母牛养殖场进行改扩建，建立母牛存栏数量在 10~50 头规模的家庭农场，母牛存栏数量在 50~100 头的牛场；母牛存栏数量在 100~300 头规模的牛场。购置牧草收割机（中小型）、粉碎机、饲料运输车、TMR 饲喂设备，并进行相关水电、道路等基础设施建设。通过土地流转承包进行大片的饲草料地建设	7 000	纳溪区护国、大渡口
27	肉牛标准化育肥场建设项目	对牛场进行圈舍改扩建，使一次性出栏 500~800 头养殖容量的育肥场达到 10 个，800~1 200 头养殖容量的育肥场 10 个，配套建设相应的青贮窖、饲料储存间、消毒间，并根据饲养容量配套建设 20 座沼气处理设施设备，进行道路铺设及水电等基础设施建设。根据当地玉米青贮、饲草种植情况购置适当类型的牧草收割机（中小型）、粉碎机、饲料运输车、TMR 设备	700	纳溪区护国、大渡口
28	天仙硐休闲农业园区	户外主题电影园、四季水果农场、家庭农场、枇杷大观园	12 000	天仙洞景区的前门、中间带、后门景区
29	白节生态旅游镇	大旺竹海旅游区与云溪温泉国际度假旅游区	8 000	白节镇大旺竹海与云溪温泉
30	护国镇农业体验区	特早茶体验农场和护国柚采摘主题公园	6 000	以纳溪区护国镇梅岭村为主，扩展到护国镇
31	茶叶加工园区	新建和扩大标准化茶叶加工厂 5 个（每个厂的加工设备能满足 5 000亩茶园基地鲜叶加工要求）。引进名优茶清洁化加工生产线 10 条。新建茶加工技术研究中心、特早茶营销展示中心、茶加工技术推广培训中心	12 500	纳溪区天仙、护国、渠坝
31	白节生态旅游镇	大旺竹海旅游区，云溪温泉国际旅游度假区	8 000	白节
32	竹产企业加工园区	引进技术先进、生产低碳环保生态型产品为主的大中型企业。建设内容涉及竹笋制品、竹浆造纸、竹家具/竹装饰品、竹炭和竹饮制品系列、竹纤维、竹工艺品等系列产品，占地面积 150~800 亩	78 650	纳溪区新乐

（续表）

序号	项目名称	建设内容	投资（万元）	建设地点
33	品牌培育及市场营销体系建设工程	包括茶叶批发市场3个，纳溪特早茶庄12个，茶产业展销门店70个，网络电子平台1个	42 200	纳溪护国、天仙、白节

附表1-4　泸县现代农业建设重点项目

序号	项目名称	建设内容	投资（万元）	建设地点
1	食用菌生产基地	发展食用菌露地栽培和大棚栽培模式。2016年种植袋数3 850万袋，2020年6 400万袋，2025年1亿袋	2 800	泸县嘉明、喻寺、福集、天兴等
2	加工蔬菜生产基地	重点打造泸县新型粮经复合产业园，发展机械化、规模化和集约化加工蔬菜生产。2016年种植面积6.95万亩，2020年10.5万亩，2025年13.75万亩	4 000	泸县的嘉明、太伏、兆雅、云锦等
3	丘陵精细蔬菜生产基地	重点打造江丘陵绿色蔬菜标准园，发展现代设施大棚栽培以及规模化种植基地	13 000	泸县得胜、太伏、兆雅、云锦等
4	沿江精品早春蔬菜基地	因地制宜发展露地精品蔬菜和大棚设施精品蔬菜，2016年种植面积12.68万亩，设施面积7.4万亩；2020年14.18万亩，其中设施面积9.3万亩；2025年16.18万亩，设施面积11.5万亩	6 000	泸县福集、得胜、嘉明、喻寺等
5	深加工提升工程	建设龙眼深加工园区1个，具备储藏保鲜、分级包装及精深加工处理能力，采取分步建设，2014—2016年建成年加工鲜果0.3万吨加工厂，2017—2020年扩建成年加工鲜果0.7万吨，2020—2025年扩建成年加工鲜果1万吨	10 000	泸县潮河、太伏
6	市场体系建设工程	建设2个直达乡村、农户的龙眼信息服务网络，提供方便、快捷、实用的农产品市场、农技咨询等服务；龙眼产业批发市场，方便果农销售和客商采购及处理	200	泸县
7	龙眼科技支撑工程	建立专家指导组，由泸州市热作中心牵头，聘请华南农业大学、福建农科院、四川农科院、泸州市农科院、主产区市县相关专家，组建省泸州市龙眼产业技术体系专家指导组，提供产业及技术咨询。重点科研攻关，每年列出优先支持的2~3项攻关课题，突破产业核心问题	8 400	泸县
8	龙眼高标准示范园建设工程	创建35个规模在1 000亩以上的标准化基地，将标准化生产贯穿于生产全过程，建设内容为良种栽培与先进技术应用、田间道路、主要产区道路扩（改）建、生产便道建设、水利设施、土地整理、种苗、肥料等	3 000	泸县潮河、海潮、太伏、福集、得胜等10个乡镇
9	龙眼新建标准园工程	全市龙眼新发展5.5万亩，其中建设标准果园5.5万亩	10 000	泸县海潮、潮河、太伏等

（续表）

序号	项目名称	建设内容	投资（万元）	建设地点
10	龙眼老旧果园更新改造工程	提升原有基地基础设施配套，通过良种改造全市龙眼果园10万亩	12 000	泸县海潮、潮河、太伏等
11	龙眼良种繁育示范工程	1 500亩品种示范园，种植重点推广的龙眼优良品种，每个品种进行多点示范栽培，每个品种在各示范点种植面积不少于10亩	300	泸县
12	龙眼龙头企业（合作社）培育工程	培育2个国家级龙头企业，3个省（市）级龙头企业，5个区（县）级龙头企业，龙眼生产专业村和规模化乡扶持50个果农经济合作组织	1 200	泸县的潮河、海潮、福集、得胜、太伏等
13	泸州市动物防疫基础设施建设	完善市县两级动物防疫执法基础设施，健全疫苗储藏设施，配备防疫执法车辆、防疫用具，储备防疫应急物资；建设市级数字化动物疫病监控追溯平台、县级监控中心、乡级监控网点，与农业部动物疫病追溯体系连网，强化对动物养殖、加工企业的数字化监管；新完善动物疫情监测、信息收集、分析、处理、报告等设备设施，健全动物疫病检测体系	400	泸县
14	有机肥生产项目	在泸县建设1处有机肥厂，辐射带动全市各乡镇规模养殖场实施粪污无害化处理和资源化利用。投资建设厂房及附属用房、购置相关机器设备，达产期达到年产15万吨有机肥的生产能力	1 200	泸县
15	5 000万只林下鸡养殖基地建设项目	在泸县太伏2个标准化种鸡场或孵化中心，建设育雏中心和林下鸡养殖基地，2025年达到年出栏林下鸡5 000万只	6 000	泸县潮河、海潮、玄滩、方洞等
16	90万头生猪现代化生产基地建设	依托龙头企业建设一批标准化生猪规模养殖场（小区），充分考虑生物安全、动物防疫、环境消纳等因素，建种猪场、仔猪繁殖场、商品猪寄养场，出栏30万为1个单元，1个单元包括1个种猪场，3个存栏母猪6 000头的仔猪繁殖场，年出栏1 000头规模的寄养场（生猪养殖家庭农场）	44 000	泸县喻寺、方洞、嘉明等
17	肉羊基础母羊规模化扩繁及育肥场建设项目	对肉羊养殖场进行改扩建，建立存栏羊数量在30~100只规模的家庭农场；存栏数量在100~300只规模的羊场。根据当地玉米青贮、饲草种质情况购置适当类型的牧草收割机（中小型）、粉碎机、饲料运输车、TMR等设备，并进行相关水电、道路等基础设施建设	5 000	泸县潮河、玄滩、方洞等
18	种羊场建设项目	在泸县方洞实施标准化圈舍的改扩建，建设保种场和扩繁场，配套建设相应的青贮窖、饲料储存间，并根据饲养容量配套建设粪污处理设施。根据当地玉米青贮、饲草种质情况购置适当类型的牧草收割机（中小型）、粉碎机、饲料运输车TMR等设备，并进行相关水电、道路等基础设施建设。通过土地流转承包进行大片的饲草料地建设	2 200	泸县

（续表）

序号	项目名称	建设内容	投资（万元）	建设地点
19	肉牛母牛繁育场建设项目	对60个乡镇的1 000个母牛养殖场进行改扩建，建立母牛存栏数量在10~50头规模的家庭农场600个，母牛存栏数量在50~100头的牛场300个；母牛存栏数量在100~300头规模的牛场80个；母牛存栏数量300头以上规模的养牛场20个。对现有牛场进行圈舍的改扩建，并配套建设相应的青贮窖、饲料储存间，并根据饲养容量建设500座沼气处理池。根据当地玉米青贮、饲草种质情况购置适当类型的牧草收割机（中小型）、粉碎机、饲料运输车、TMR饲喂设备，并进行相关水电、道路等基础设施建设。通过土地流转承包进行大片的饲草料地建设	8 000	泸县海潮
20	肉牛标准化育肥场建设项目	对10余个乡镇的20个牛场进行圈舍改扩建，使一次性出栏500~800头养殖容量的育肥场达到10个，800~1 200头养殖容量的育肥场10个，配套建设相应的青贮窖、饲料储存间、消毒间，并根据饲养容量配套建设20座沼气处理设施设备，进行道路铺设及水电等基础设施建设。根据当地玉米青贮、饲草种植情况购置适当类型的牧草收割机（中小型）、粉碎机、饲料运输车、TMR设备	700	泸县海潮镇
21	道林沟休闲旅游区	药膳食府、森林氧吧、水上乐吧、禅茶水吧、养生"眺"吧、清泉疗吧	10 000	泸县石桥
22	生猪屠宰和深加工项目	项目预计占地300亩左右，新建厂房、购置设备，两条生猪屠宰、分割流水生产线和猪下货加工生产线。引进先进畜禽产品精深加工技术，开发休闲食品、肉制品罐头、香肠等系列畜禽精深加工产品	8 500	泸县得胜或合江县合江（生猪屠宰加工）
23	泸州市粮食加工物流产业园区	主要建设粮食中转贸易区、粮油储备区、粮食批发市场区、粮油食品加工区、综合服务区、粮食专用码头等内容，引入和完善粮食物流信息系统	62 800	泸县福集为核心，辐射云龙、得胜等
24	中草药加工园区	建设"三大平台"，即泸州医药产业园大学科技园、泸州新药评价体系、企业孵化园；构建"三大体系"，即泸州医药产业扶持政策体系、泸州医药产业科技创新体系、泸州医药产业服务体系；形成"三大集群"，即生物医药产业集群、医疗康健服务集群、职教集群	97 000	泸县福集（泸州市医药园区）
25	泸县道地中药材种植基地	新建赶黄草、白芷、车前草等中药材10万亩	25 700	泸县云锦、得胜、百和、福集、石桥、立石
26	龙眼综合加工项目	建设龙眼产地商品化处理、干燥加工、制汁加工、制粉加工等生产线。引入高效节能干燥技术，提高龙眼干品质，开发膨化龙眼脆片、龙眼粉制品等新型产品。充分利用龙眼加工副产物，通过发酵技术、提取技术，实现龙眼资源综合利用	12 500	泸县潮河、海潮、太伏、兆雅
27	龙眼良种繁育示范工程	150亩引种园，包括引种观察圃30亩、良种采穗圃70亩、嫁接苗圃50亩	300	泸州市泸县

附表1-5　合江县现代农业建设重点项目

序号	项目名称	建设内容	投资 （万元）	建设地点
1	笋用竹林基地	基地面积31.12万亩。其中低产低效林改造面积20万亩，新增竹林面积11.12万亩	6 900	合江县甘雨、榕右、福宝
2	材用竹林基地	基地面积70.7万亩。其中低产低效林改造面积50万亩，新增竹林面积20.7万亩	12 000	合江县合江、佛荫、南滩等
3	笋材两用竹林基地	基地面积27.9万亩。其中低产低效林改造面积20万亩，新增竹林面积7.9万亩	3 740	合江县白米、密溪、大桥等
4	竹种苗木繁育基地	基地面积6 000亩。其中叙永县3 000亩，合江县2 000亩，纳溪区1 000亩	200	合江县福宝等
5	加工蔬菜生产基地	重点打造新型粮经复合产业园，发展机械化、规模化和集约化加工蔬菜生产	3 000	合江县大桥、先市、九支、白鹿等
6	山区绿色蔬菜生产基地	重点打造山区蔬菜和食用菌标准园。种植错季蔬菜，绿色、有机等高端蔬菜产品	19 000	合江县福宝和自怀
7	丘陵精细蔬菜生产基地	重点绿色蔬菜标准园。发展现代设施大棚栽培以及规模化种植基地	55 000	合江县密溪、大桥、先市、白鹿等
8	沿江精品早春蔬菜基地	重点打造合江县大桥沿江精品蔬菜标准园。因地制宜发展露地精品蔬菜和大棚设施精品蔬菜，2016年种植面积12.68万亩，设施面积7.4万亩；2020年14.18万亩，其中设施面积9.3万亩；2025年16.18万亩，设施面积11.5万亩	42 000	合江县合江、大桥、先市、九支等
9	荔枝品牌与文化推广	建设"带绿荔枝""绛纱兰荔枝""大红袍荔枝""坨缇荔枝"的原产地保护；制定品牌标准，品牌宣传和保护等，在包装材料选择和设计上均要突出合江荔枝文化和地方特色；分别在合江镇柿子田村和密溪乡建设一个荔枝古树保护点。合江荔枝文化广场占地面积约120亩和"合江荔枝"塑像	1 500	合江福宝、甘雨等
10	荔枝、真龙柚物流市场体系建设	主要建设和完善合江县采后商品化处理及物流中心及11个荔枝真龙柚产区乡镇物流分中心。主要批发市场在合江县城周边规划建设集洗选、分级、包装、冷藏、气调、仓储等一体的，规模在300亩左右的荔枝真龙柚专业批发销售中心，在荔枝真龙柚主产区各建一个规模在30亩左右的产地市场	5 300	合江县城及荔枝真龙柚主产镇
11	荔枝高标准化示范园	主要包括果园硬件和软件条件建设，如果园道路的硬底化、果园水肥药一体化设施建设、产地果园生态条件的改造和产地、水利、道路—主要产区道路扩（改）建，生产便道建设、产品认证和冷库建设等	8 720	合江县合江、虎头甘雨镇
12	荔枝新建标准园工程	全市荔枝新发展4.2万亩，其中建设标准果园4.2万亩	12 600	合江县

（续表）

序号	项目名称	建设内容	投资（万元）	建设地点
13	荔枝老旧果园更新改造工程	提升原有基地基础设施配套，改造荔枝果园13.5万亩	27 000	合江县
14	荔枝种业工程项目	优良品种展示和采穗园土地准备（50亩/个）、种植准备（挖坑、施肥等）、种植（按每亩55株的标准）、设施建设（道路、肥水药一体化、实用机具）等	100	佛荫乘山村和合江柿子田村
15	真龙柚乡村旅游基地	重点打造采摘观光和农家乐休闲果园，果园总体规划面积约为2 000亩	3 800	合江县密溪、大桥、白米、白沙
16	真龙柚采后商品化处理包装生产线和普通贮藏库的建设	建设自动清洗、打蜡、分级、贴标的自动化生产线，每条生产线配套建设简易通风库房3 000平方米，年处理果品能力10万吨以上。同时配置厂房2 000平方米、停车场2 000平方米	1 000	合江县
17	高标准真龙柚示范园建设	建4个示范园，每个各1 000亩	1 600	合江、佛荫
18	真龙柚新建标准果园	全市真龙柚新建标准果园16.5万亩	49 500	合江县密溪、白米
19	真龙柚老旧果园改造工程	提升原有基地基础设施配套，改造全县老旧真龙柚老果园10万亩	20 000	合江县密溪、先市、实录等
20	真龙柚授粉树品种配置展示园建设	每100亩配置授粉品种150株，通过高换、桥接等改良提纯品种。种植准备（挖坑、施肥等）、种植、设施建设（道路、水池、杀虫灯、灌溉等设施设备、实用机具）等	7 100	合江县密溪、先市、实录等
21	真龙柚无病毒苗木繁育体系建设	土地准备（100亩，其中授粉品种2亩、无病毒苗圃98亩）、种植准备（挖坑、施肥等）、种植、设施建设（道路、防虫大棚、肥水药一体化、实用机具）等	1 300	合江县密溪、先市、实录等
22	泸州市动物防疫基础设施建设	完善市县两级动物防疫执法基础设施，健全疫苗储藏设施，配备防疫执法车辆、防疫用具，储备防疫应急物资；建设市级数字化动物疫病监控追溯平台、县级监控中心等	400	合江县
23	有机肥生产项目	在合江建设1处有机肥厂，辐射带动全市各乡镇规模养殖场实施粪污无害化处理和资源化利用。投资建设厂房及附属用房、购置相关机器设备，达产期达到年产15万吨有机肥的生产能力	1 200	合江县
24	5 000万只林下鸡养殖基地建设项目	在合江等市区县88个乡镇建设100个育雏中心和3 000个林下鸡养殖基地，2025年达到年出栏林下鸡5 000万只	11 000	合江县虎头、九支、先市等
25	90万头生猪现代化生产基地建设	依托龙头企业建设一批标准化生猪规模养殖场（小区），充分考虑生物安全、动物防疫、环境消纳等因素，建种猪场、仔猪繁殖场、商品猪寄养场，出栏30万为1个单元，1个单元包括1个种猪场，3个存栏母猪6 000头的仔猪繁殖场，300个年出栏1 000头规模的寄养场（生猪养殖家庭农场）	44 000	合江县实录、望龙、白沙等

（续表）

序号	项目名称	建设内容	投资（万元）	建设地点
26	肉羊基础母羊规模化扩繁及育肥场建设项目	对 95 个乡镇的 4 000 个肉羊养殖场进行改扩建，建立存栏羊数量在 30~100 只规模的家庭农场 2 000 个；存栏数量在 100~300 只规模的羊场 1 200 个，存栏数量在 300~500 只规模的羊场 700 个；存栏数量在 500 只以上规模的规模羊场 100 个。对现有羊场进行圈舍的改扩建，并配套建设相应的青贮窖、饲料储存间，并根据饲养容量建设 3 000 座沼气处理池。根据当地玉米青贮、饲草种质情况购置适当类型的牧草收割机（中小型）、粉碎机、饲料运输车、TMR 等设备，并进行相关水电、道路等基础设施建设。通过土地流转承包进行大片的饲草料地建设	5 000	合江县凤鸣、实录、尧坝等
27	种羊场建设项目	在合江榕山实施标准化圈舍的改扩建，建设 1 个保种场和 3 个扩繁场，建成存栏种羊 1 000 只以上的标准化羊场。配套建设相应的青贮窖、饲料储存间，并根据饲养容量配套建设粪污处理设施。购置适当类型的牧草收割机（中小型）、粉碎机、饲料运输车 TMR 等设备，并进行相关水电、道路等基础设施建设	2 400	合江县凤鸣、实录、尧坝等
28	肉牛母牛繁育场建设项目	对 60 个乡镇的 1 000 个母牛养殖场进行改扩建，建立母牛存栏数量在 10~50 头规模的家庭农场 600 个，母牛存栏数量在 50~100 头的牛场 300 个；母牛存栏数量在 100~300 头规模的牛场 80 个；母牛存栏数量 300 头以上规模的养牛场 20 个。对现有牛场进行圈舍的改扩建，配套建设相应的青贮窖、饲料储存间，并根据饲养容量建设 500 座沼气处理池。根据当地玉米青贮、饲草种质情况购置适当类型的牧草收割机（中小型）、粉碎机、饲料运输车、TMR 饲喂设备，并进行相关水电、道路等基础设施建设。通过土地流转承包进行大片的饲草料地建设	10 000	合江县白鹿、榕山、石龙等
29	肉牛标准化育肥场建设项目	对 10 余个乡镇的 20 个牛场进行圈舍改扩建，使一次性出栏 500~800 头养殖容量的育肥场达到 10 个，800~1 200 头养殖容量的育肥场 10 个，配套建设青贮窖、饲料储存间、消毒间，并根据饲养容量配套建设 20 座沼气处理设施设备，进行道路铺设及水电等基础设施建设。根据当地玉米青贮、饲草种植情况购置适当类型的牧草收割机（中小型）、粉碎机、饲料运输车、TMR 设备	1 000	合江县白鹿、榕山、石龙等
30	佛宝休闲农业园区	药用植物培育区、原始森林科普园、森林旅馆	11 000	合江佛宝景区
31	中草药加工园区	建设"三大平台"，即泸州医药产业园大学科技园、泸州新药评价体系、企业孵化园；构建"三大体系"，即泸州医药产业扶持政策体系、泸州医药产业科技创新体系、泸州医药产业服务体系；形成"三大集群"，即生物医药产业集群、医疗康健服务集群、职教集群	33 000	合江县福宝镇等地区

（续表）

序号	项目名称	建设内容	投资 （万元）	建设地点
32	合江金钗石斛标准化种植基地	新建金钗石斛、百合、川白芍、金花葵等中药材基地10万亩	47 300	合江福宝、自怀、先滩、石龙等
33	竹产企业加工园区	主要引进技术先进、生产低碳环保生态型产品为主的大中型企业。建设内容涉及竹笋制品、竹浆造纸、竹家具/竹装饰品、竹炭和竹饮制品系列、竹纤维、竹工艺品等系列产品，占地面积150~800亩	78 650	合江县榕山镇
34	生猪、肉牛屠宰和深加工项目	项目预计占地300亩左右，新建厂房、购置设备，两条生猪屠宰、分割流水生产线和猪下货加工生产线。引进先进畜禽产品精深加工技术，开发休闲食品、肉制品罐头、香肠等系列畜禽精深加工产品	8 500	合江县

附表1-6 叙永县现代农业建设重点项目

序号	项目名称	建设内容	投资 （万元）	建设地点
1	笋用竹林基地	基地面积31.12万亩。其中低产低效林改造面积20万亩，新增竹林面积11.12万亩	3 800	叙永县水尾镇、马岭镇、向林乡、大石乡、天池镇、分水岭镇
2	浆用竹林基地	基地面积41.8万亩。其中低产低效林改造面积30万亩，新增竹林面积11.8万亩	10 000	叙永县马岭镇、向林乡等
3	材用竹林基地	基地面积70.7万亩。其中低产低效林改造面积50万亩，新增竹林面积20.7万亩	12 000	叙永县后山镇、水尾镇、龙凤乡、向林乡等
4	笋材两用竹林基地	基地面积27.9万亩。其中低产低效林改造面积20万亩，新增竹林面积7.9万亩	4 360	叙永县水尾镇、龙凤乡、兴隆乡等
5	竹种苗木繁育基地	基地面积6 000亩。其中叙永县3 000亩，合江县2 000亩，纳溪区1 000亩	300	叙永县水尾镇、江门镇、向林乡等
6	科技示范园区	内容主要含有林下经济推广实验区、木竹混交实验区、科研培训管理区、竹笋和竹材丰产示范区、高科含量竹产品生产加工示范区、网络平台展示区等。占地3 000亩	15 000	叙永县水尾镇
7	茶产品初加工体系	新建茶叶初加工厂30个，包括生产厂房及配套设计建筑工程、生产设备引进；建成后年新增茶叶加工能力约2.3万吨	4 000	叙永县叙永镇、后山、向林、合江法王寺
8	叙永名优绿茶种植基地	新建优质绿茶基地9.8万亩，改造原有相对集中茶园2.5万亩	86 850	叙永县叙永镇、后山镇、向林乡

（续表）

序号	项目名称	建设内容	投资（万元）	建设地点
9	茶叶无性系良种繁育基地	总占地面积 1 850 亩，建成后年繁育良种茶苗3.7 亿株，主要建设内容主要包括遮阳网棚、土地平整、道路、灌溉设施、土壤改良等基础设施费用，农机具、仪器设备购置、优质茶品种引进费用	595	叙永县叙永镇红岩、宝元村
10	叙永道地中药材种植基地	新建黄连、重楼、黄精、天麻等种植基地 10.5万亩	28 770	叙永县水尾镇、叙永镇、合乐苗族乡等
11	食用菌生产基地	发展食用菌露地栽培和大棚栽培模式。2016 年种植袋数 3 850万袋，2020 年 6 400万袋，2025 年 1 亿袋	4 800	叙永县叙永和麻城
12	加工蔬菜生产基地	重点打造新型粮经复合产业园，发展机械化、规模化和集约化加工蔬菜生产。2016 年种植面积 6.95万亩，2020 年 10.5 万亩，2025 年 13.75 万亩	4 000	叙永县麻城、摩尼、营山、观兴、江门、马岭等
13	山区优质蔬菜生产基地	重点打造叙永县山区蔬菜和食用菌标准园。种植错季蔬菜，绿色、有机等高端蔬菜产品	58 000	叙永县的麻城、营山、合乐、叙永等
14	主产地批发市场建设项目	建设一个集分级、打蜡、包装、仓储等于一体的，规模在 300 亩左右的脐橙专业批发销售中心，负责本县产脐橙产品的果品流转	1 300	叙永县
15	果品采后商品化处理包装生产线和普通贮藏库的建设	在建 1 个自动清洗、打蜡、分级、贴标的自动化生产线，每条生产线配套建设简易通风库房 3 000平方米，年处理果品能力 10 万吨以上；同时配置厂房 2 000平方米、停车场 2 000平方米	500	叙永县赤水、水潦、石坝等
16	脐橙高标准示范园建设	在建 1 个示范园，面积 1 000 亩	800	叙永县赤水、水潦、石坝等
17	新建标准脐橙果园	全市新建标准脐橙果园 10 万亩	9 000	叙永县赤水、水潦、石坝等
18	老旧果园改造工程	提升原有基地基础设施配套，改造全市脐橙果园 10万亩	1 100	叙永县赤水、水潦、石坝等
19	泸州市动物防疫基础设施建设	完善市县两级动物防疫执法基础设施，健全疫苗储藏设施，配备防疫执法车辆、防疫用具，储备防疫应急物资；建设市级数字化动物疫病监控追溯平台、县级监控中心、乡级监控网点，与农业部动物疫病追溯体系连网，强化对动物养殖、加工企业的数字化监管；新完善动物疫情监测、信息收集、分析、处理、报告等设备设施，健全动物疫病检测体系	400	叙永县
20	有机肥生产项目	在合江等 5 个区（县）建设 5 处有机肥厂，辐射带动全市各乡镇规模养殖场实施粪污无害化处理和资源化利用。投资建设厂房及附属用房、购置相关机器设备，达产期达到年产 15 万吨有机肥的生产能力	1 200	叙永县麻城乡

（续表）

序号	项目名称	建设内容	投资（万元）	建设地点
21	5 000 万只林下鸡养殖基地建设项目	在叙永县、古蔺县、泸县太伏；纳溪区、江阳区和龙马潭区等 10 个乡镇建设 10 个标准化种鸡场或孵化中心，在全市各区县 88 个乡镇建设 100 个育雏中心和 3 000 个林下鸡养殖基地，2025 年达到年出栏林下鸡 5 000 万只	11 000	叙永县枧槽、营山、马岭、向林等
22	10 万头丫杈猪养殖基地建设项目	叙永县水潦分别建设 1 个扩繁场和种公猪站。叙永县水潦、石坝、观兴等乡镇建设年出栏 300～500 头适度规模养殖场或家庭农场	2 650	叙永县水潦、石坝、观兴
23	肉羊基础母羊规模化扩繁及育肥场建设项目	对 95 个乡镇的 4 000 个肉羊养殖场进行改扩建，建立存栏羊数量在 30～100 只规模的家庭农场 2 000 个；存栏数量在 100～300 只规模的羊场 1 200 个；存栏数量在 300~500 只规模的羊场 700 个；存栏数量在 500 只以上规模的规模羊场 100 个。对现有羊场进行圈舍的改扩建，配套建设相应的青贮窖、饲料储存间，并根据饲养容量建设 3 000 座沼气处理池。根据当地玉米青贮、饲草种质情况购置适当类型的牧草收割机（中小型）、粉碎机、饲料运输车、TMR 等设备，并进行相关水电、道路等基础设施建设。通过土地流转承包进行大片的饲草料地建设	5 000	叙永县合乐、震东、黄坭等
24	种羊场建设项目	在叙永合乐实施标准化圈舍的改扩建，建设 1 个保种场和 3 个扩繁场，建成存栏种羊 1 000 只以上的标准化羊场。配套建设相应的青贮窖、饲料储存间，并根据饲养容量配套建设粪污处理设施。根据当地玉米青贮、饲草种质情况购置适当类型的牧草收割机（中小型）、粉碎机、饲料运输车 TMR 等设备，并进行相关水电、道路等基础设施建设。通过土地流转承包进行大片的饲草料地建设	2 200	叙永县合乐、震东、黄坭等
25	肉牛母牛繁育场建设项目	对母牛养殖场进行改扩建，建立母牛存栏数量在 10~50 头规模的家庭农场，母牛存栏数量在 50～100 头的牛场；母牛存栏数量在 100~300 头规模的牛场；母牛存栏数量 300 头以上规模的养殖场。对现有牛场进行圈舍的改扩建，并配套建设相应的青贮窖、饲料储存间，并根据饲养容量建设沼气处理池。根据当地玉米青贮、饲草种质情况购置适当类型的牧草收割机（中小型）、粉碎机、饲料运输车、TMR 饲喂设备，并进行相关水电、道路等基础设施建设。通过土地流转承包进行大片的饲草料地建设	17 000	叙永县落卜、震东、黄坭等
26	肉牛标准化育肥场建设项目	对 10 余个乡镇的 20 个牛场进行圈舍改扩建，使一次性出栏 500~800 头养殖容量的育肥场达到 10 个，800～1 200 头养殖容量的育肥场 10 个，配套建设相应的青贮窖、饲料储存间、消毒间，并根据饲养容量配套建设 20 座沼气处理设施设备，进行道路铺设及水电等基础设施建设。根据当地玉米青贮、饲草种植情况购置适当类型的牧草收割机（中小型）、粉碎机、饲料运输车、TMR 设备	1 800	叙永县落卜、震东、黄坭等

（续表）

序号	项目名称	建设内容	投资（万元）	建设地点
27	丹山休闲农业园区	开心农场、农家乐、菜园别墅	11 000	叙永丹山景区
28	肉牛屠宰和深加工项目	项目预计占地300亩左右，新建厂房、购置设备，两条猪牛屠宰、分割流水生产线和下水加工生产线	8 000	叙永县兴隆乡（肉牛屠宰加工）等
29	食用油加工产业园	在落卜镇建设食用油精深加工产业园，重点建设万吨油茶籽、油牡丹冷榨生产线2~3条、3 000吨茶油、牡丹油精炼生产线2条、万吨茶粕浸出生产线4条、4 000吨功能强化油生产线1条、1 000吨化妆品油注射用油生产线1条、5 000吨茶皂素及系列产品生产线1条、万吨饲用蛋白饲料生产线4条、3.5万吨国家食用油储备库	12 000	叙永县落卜镇（茶油）
30	竹产企业加工园	主要引进技术先进、生产低碳环保生态型产品为主的大中型企业。建设内容涉及竹笋制品、竹浆造纸、竹家具/竹装饰品、竹炭和竹饮制品系列、竹纤维竹工艺品等系列产品，占地面积150~800亩	78 650	叙永县江门镇
31	品牌培育及市场营销体系建设工程	包括茶叶批发市场3个，纳溪特早茶庄12个，茶产业展销门店70个，网络电子平台1个	5 350	叙永县赤水镇

附表1-7　古蔺县现代农业建设重点项目

序号	项目名称	建设内容	投资（万元）	建设地点
1	笋用竹林基地	基地面积35.5万亩。其中低产低效林改造面积20万亩，新增竹林面积11.12万亩	3 130	古蔺县黄荆乡、桂花乡、大寨乡、德跃镇等
2	材用竹林基地	基地面积70.7万亩。其中低产低效林改造面积50万亩，新增竹林面积20.7万亩	1 000	古蔺县永乐镇、护家乡、桂花乡等
3	竹产企业加工园区	主要引进技术先进、生产低碳环保生态型产品为主的大中型企业。建设内容涉及竹笋制品、竹浆造纸、竹家具/竹装饰品、竹炭和竹饮制品系列、竹纤维、竹工艺品等系列产品，占地面积150~800亩	78 650	古蔺县桂花乡
4	竹碳汇实验示范基地	建设竹林可持续经营、竹产品储碳计量、交易研究等成果，为西部地区的碳贸易提供信息平台	6 500	古蔺县黄荆乡
5	茶产品初加工厂	新建茶叶初加工厂30个，包括生产厂房及配套设计建筑工程、生产设备引进；建成后年新增茶叶加工能力约2.3万吨	1 687	古蔺县德耀、马嘶
6	古蔺名优绿茶种植基地	在德耀镇、马嘶乡等乡镇发展以牛皮茶为代表的名优绿茶基地3.9万亩，改造老茶园2.55万亩	41 745	古蔺县德耀镇、马嘶

（续表）

序号	项目名称	建设内容	投资（万元）	建设地点
7	茶叶无性系良种繁育基地	总占地面积 1 850 亩，建设内容包括遮阳网棚、土地平整、道路、灌溉设施、土壤改良等基础设施建设，农机具、仪器设备购置及优质茶品种引进等	90	古蔺县德耀双凤村
8	山区绿色蔬菜生产基地	重点打造山区蔬菜和食用菌标准园。种植错季蔬菜，绿色、有机等高端蔬菜产品。2016 年种植面积 18.2 万亩，设施面积 3.5 万亩；2020 年 23.5 万亩，其中设施面积 6 万亩；2025 年 27 万亩，设施面积 8 万亩	42 000	古蔺县的古蔺、东新、护家等
9	主产地批发市场建设项目	建设一个集分级、打蜡、包装、仓储等于一体的，规模在 300 亩左右的脐橙专业批发销售中心，负责本县产脐橙产品的果品流转	1 300	古蔺县
10	脐橙采后商品化处理包装生产线和普通贮藏库的建设	在古蔺建 1 个自动清洗、打蜡、分级、贴标的自动化生产线，每条生产线配套建设简易通风库房 3 000 平方米，年处理果品能力 10 万吨以上；同时配置厂房 2 000 平方米、停车场 2 000 平方米	1 000	古蔺县
11	高标准脐橙示范园建设	在古蔺建 2 个示范园，每个各 1 000 亩	800	古蔺县
12	新建标准果园	全市新建标准脐橙果园 10 万亩	21 000	古蔺县马蹄、水口、太平
13	老旧果园改造工程	提升原有基地基础设施配套，改造全市脐橙果园 10 万亩	11 000	古蔺县马蹄、水口、太平
14	泸州市动物防疫基础设施建设	完善市县两级动物防疫执法基础设施，健全疫苗储藏设施，配备防疫执法车辆、防疫用具、储备防疫应急物资；建设市级数字化动物疫病监控追溯平台、县级监控中心、乡级监控网点，与农业部动物疫病追溯体系连网，强化对动物养殖、加工企业的数字化监管；新完善动物疫情监测、信息收集、分析、处理、报告等设备设施，健全动物疫病检测体系	400	古蔺县
15	有机肥生产项目	在古蔺等 5 个区（县）建设 5 处有机肥厂，辐射带动全市各乡镇规模养殖场实施粪污无害化处理和资源化利用。投资建设厂房及附属用房、购置相关机器设备，达产期达到年产 15 万吨有机肥的生产能力	1 200	古蔺县古蔺镇
16	5 000 万只林下鸡养殖基地建设项目	在古蔺县、叙永县、泸县太伏；纳溪区、江阳区和龙马潭区等 10 个乡镇建设 10 个标准化种鸡场或孵化中心，在全市各区县 88 个乡镇建设 100 个育雏中心和 3 000 个林下鸡养殖基地，2025 年达到年出栏林下鸡 5 000 万只	11 000	古蔺县大寨、白泥、桂花、箭竹等

（续表）

序号	项目名称	建设内容	投资（万元）	建设地点
17	10万头丫杈猪养殖基地建设项目	在古蔺县观文镇建设1个丫杈猪保种选育场，在古蔺县观文、永乐和叙永县水潦分别建设1个扩繁场和种公猪站。在古蔺县的观文、永乐、古蔺、护家、金星、双沙、马嘶。叙永县水潦、石坝、观兴10个乡镇建设年出栏300～500头适度规模养殖场（或家庭农场）280个。2025年出栏丫杈猪（川黑Ⅱ号）达到10万头以上	3 500	古蔺县观文、永乐、古蔺等
18	肉羊基础母羊规模化扩繁及育肥场建设项目	对古蔺等95个乡镇的4 000个肉羊养殖场进行改扩建，建立存栏羊数量在30～100只规模的家庭农场2 000个；存栏数量在100～300只规模的羊场1 200个，存栏数量在300～500只规模的羊场700个；存栏数量在500只以上规模的规模羊场100个。对现有羊场进行圈舍的改扩建，配套建设相应的青贮窖、饲料储存间，并根据饲养容量建设3 000座沼气处理池。根据当地玉米青贮、饲草种质情况购置适当类型的牧草收割机（中小型）、粉碎机、饲料运输车、TMR等设备，并进行相关水电、道路等基础设施建设。通过土地流转承包进行大片的饲草料地建设	5 000	古蔺县石宝、护家、观文、丹桂等
19	种羊场建设项目	在古蔺护家、叙永合乐、泸县方洞、合江榕山、江阳区石寨等12个乡镇实施标准化圈舍的改扩建，建设1个保种场和3个扩繁场，建成存栏种羊1 000只以上的标准化羊场。配套建设相应的青贮窖、饲料储存间，并根据饲养容量配套建设粪污处理设施。根据当地玉米青贮、饲草种质情况购置适当类型的牧草收割机（中小型）、粉碎机、饲料运输车TMR等设备，并进行相关水电、道路等基础设施建设。通过土地流转承包进行大片的饲草料地建设	2 200	古蔺县石宝、护家、观文、丹桂等
20	笋材两用竹林基地	改造和新建基地面积27.9万亩。其中低产低效林改造面积20万亩，新增竹林面积7.9万亩	1 240	古蔺县德耀镇、桂花乡
21	肉牛母牛繁育场建设项目	对60个乡镇的1 000个母牛养殖场进行改扩建，建立母牛存栏数量在10～50头规模的家庭农场600个，母牛存栏数量在50～100头的牛场300个；母牛存栏数量在100～300头规模的牛场80个；母牛存栏数量300头以上规模的养牛场20个。根据当地玉米青贮、饲草种质情况购置适当类型的牧草收割机（中小型）、粉碎机、饲料运输车、TMR饲喂设备，并进行相关水电、道路等基础设施建设	17 000	古蔺县二郎、太平、大村、东新等
22	肉牛标准化育肥场建设项目	对10余个乡镇的20个牛场进行圈舍改扩建，使一次性出栏500～800头养殖容量的育肥场达到10个，800～1 200头养殖容量的育肥场10个，并配套建设相应的青贮窖、饲料储存间、消毒间，并根据饲养容量配套建设20座沼气处理设施设备，进行道路铺设及水电等基础设施建设。根据当地玉米青贮、饲草种植情况购置适当类型的牧草收割机（中小型）、粉碎机、饲料运输车、TMR设备	1 700	古蔺县二郎、太平、大村、东新等

（续表）

序号	项目名称	建设内容	投资（万元）	建设地点
23	大黑洞休闲农业园区	特色苗族民俗村、奇瓜异果园苗族式住宿星级接待点	10 000	古蔺箭竹乡大黑洞景区
24	食用油加工产业园	在落卜镇建设食用油精深加工产业园，重点建设万吨油茶籽、油牡丹冷榨生产线 2~3 条、3 000 吨茶油、牡丹油精炼生产线 2 条、万吨茶粕浸出生产线 4 条、4 000 吨功能强化油生产线 1 条、1 000 吨化妆品油注射用油生产线 1 条、5 000 吨茶皂素及系列产品生产线 1 条、万吨饲用蛋白饲料生产线 4 条、3.5 万吨国家食用油储备库	20 000	古蔺县德耀镇（油用牡丹）
25	品牌培育及市场营销体系建设工程	包括茶叶批发市场 3 个，纳溪特早茶庄 12 个，茶产业展销门店 70 个，网络电子平台 1 个	750	古蔺县
26	川产道地药材种质资源圃	总建设规模 200 亩，包括种质资源圃 50 亩、种源繁育基地 150 亩	1 075	古蔺县桂花乡
27	古蔺道地中药材种植基地	新建赶黄草种植基地 5 万亩，油用牡丹 5 万亩，其他如金银花、白芍、百合等 11 万亩	106 200	古蔺箭竹、大寨、桂花、黄荆等

附表 2 泸州市现代农业潜在合作企业基本信息

本表只给出基本格式

序号	企业名称	主营业务及规模	联系方式	总部或企业地址
1	＊＊＊＊公司	谷物面粉处理加工、食品、饮料、食疗以及饲料制造加工等，年销售 1 000 亿元	800~637~＊＊＊＊ 217~424~＊＊＊＊ （86）4118671＊＊＊＊ 辽宁大连甘井子区	美国＊＊＊＊
2	＊＊＊＊公司	包括汽水、运动饮料、乳类饮品、果汁、茶和咖啡等在内的 160 种饮料品牌，全球最大的果汁饮料经销商，年营业收入 2 905 亿元	021~6192＊＊＊＊ 上海闵行区	美国＊＊＊＊
3				
4				
5				
6				

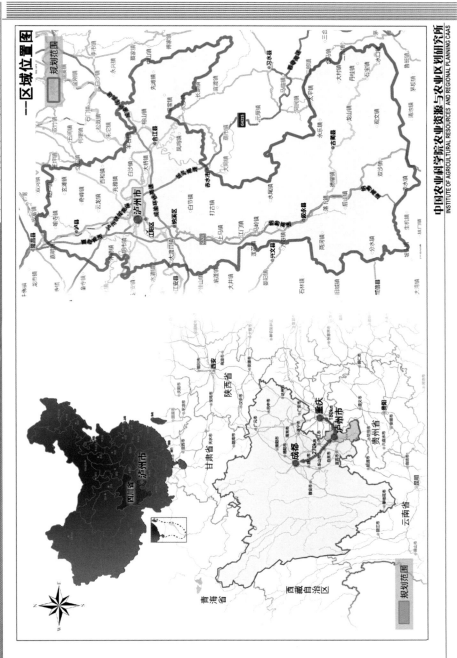

附图 1　区域位置图

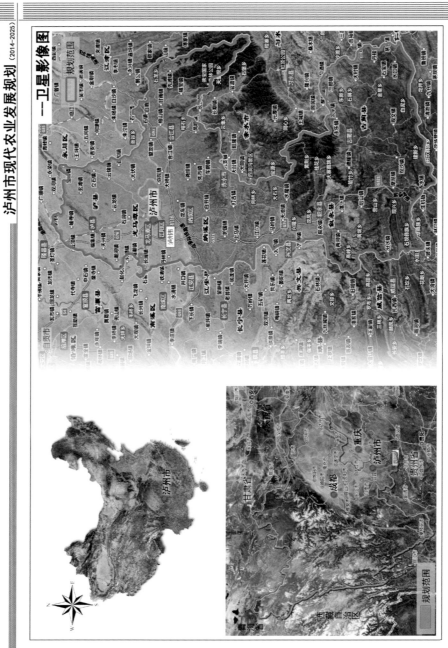

附图 2　卫星影像图

附图3　总体布局图

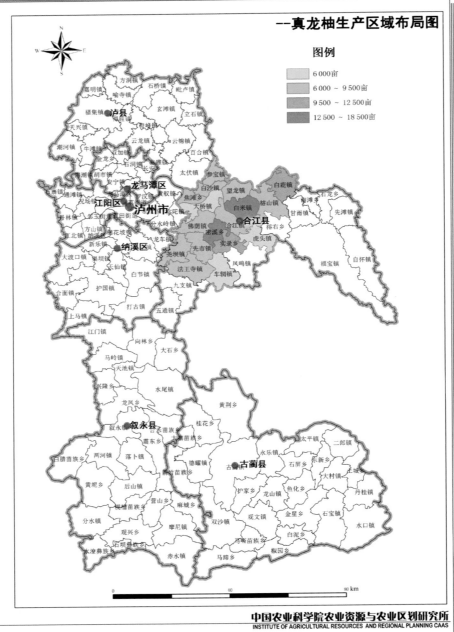

附图 4-1　精品果业－真龙柚生产区域布局图

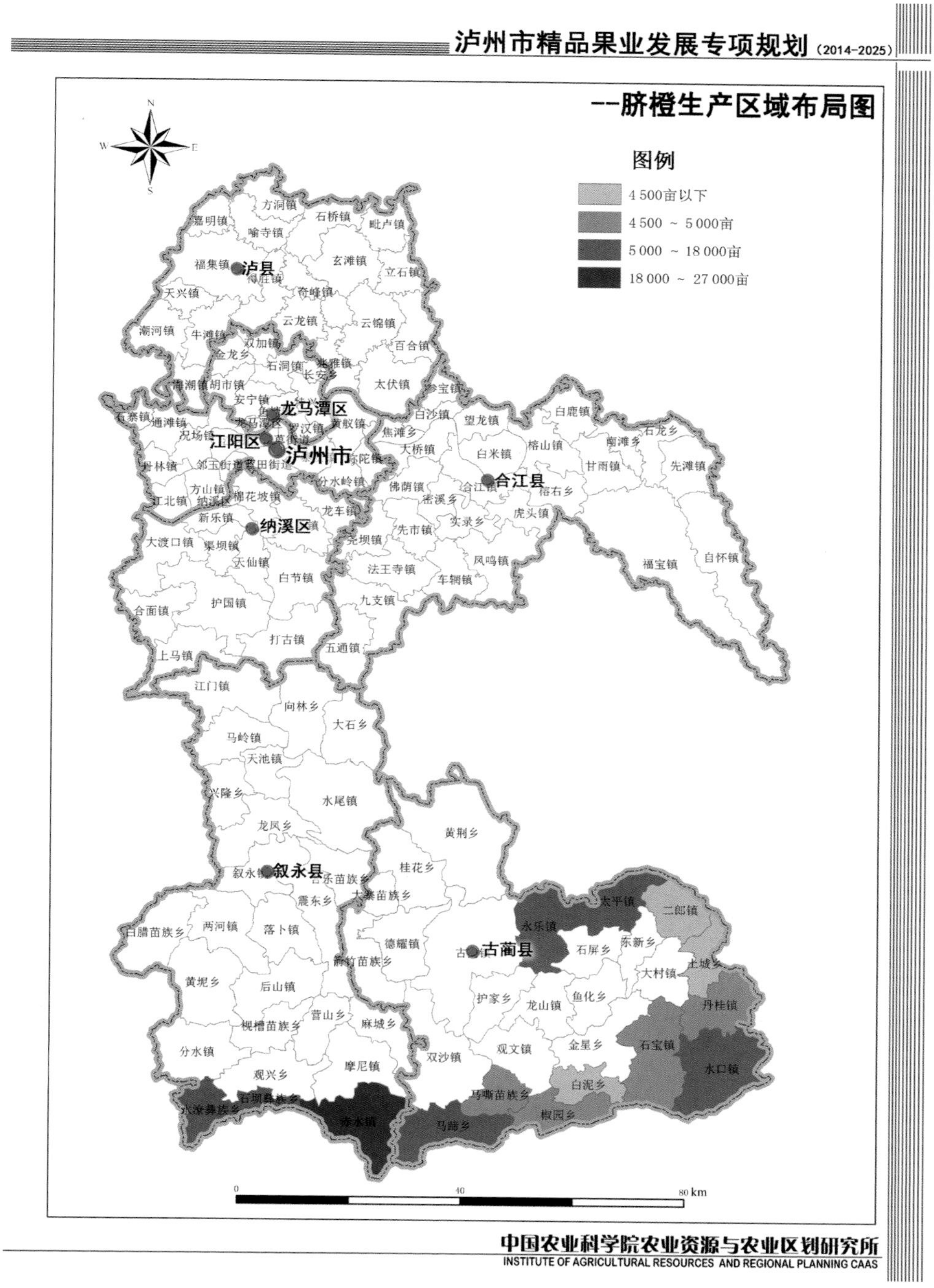

附图 4–2　精品果业 – 脐橙生产区域布局图

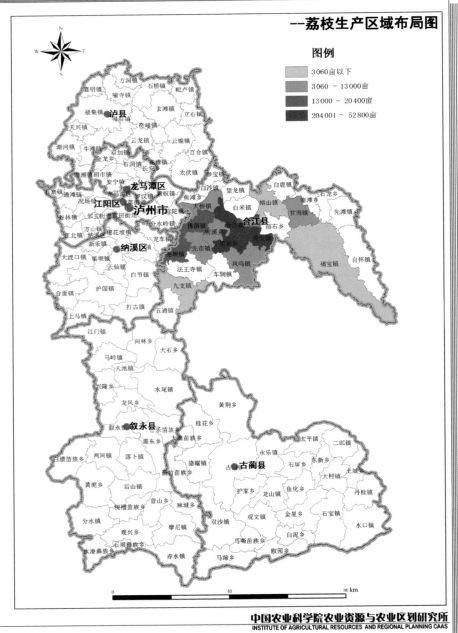

泸州市精品果业发展专项规划（2014-2025）

--荔枝生产区域布局图

图例

3060亩以下
3060～13000亩
13000～20400亩
204001～52800亩

中国农业科学院农业资源与农业区划研究所
INSTITUTE OF AGRICULTURAL RESOURCES AND REGIONAL PLANNING CAAS

附图4-3 精品果业－荔枝生产区域布局图

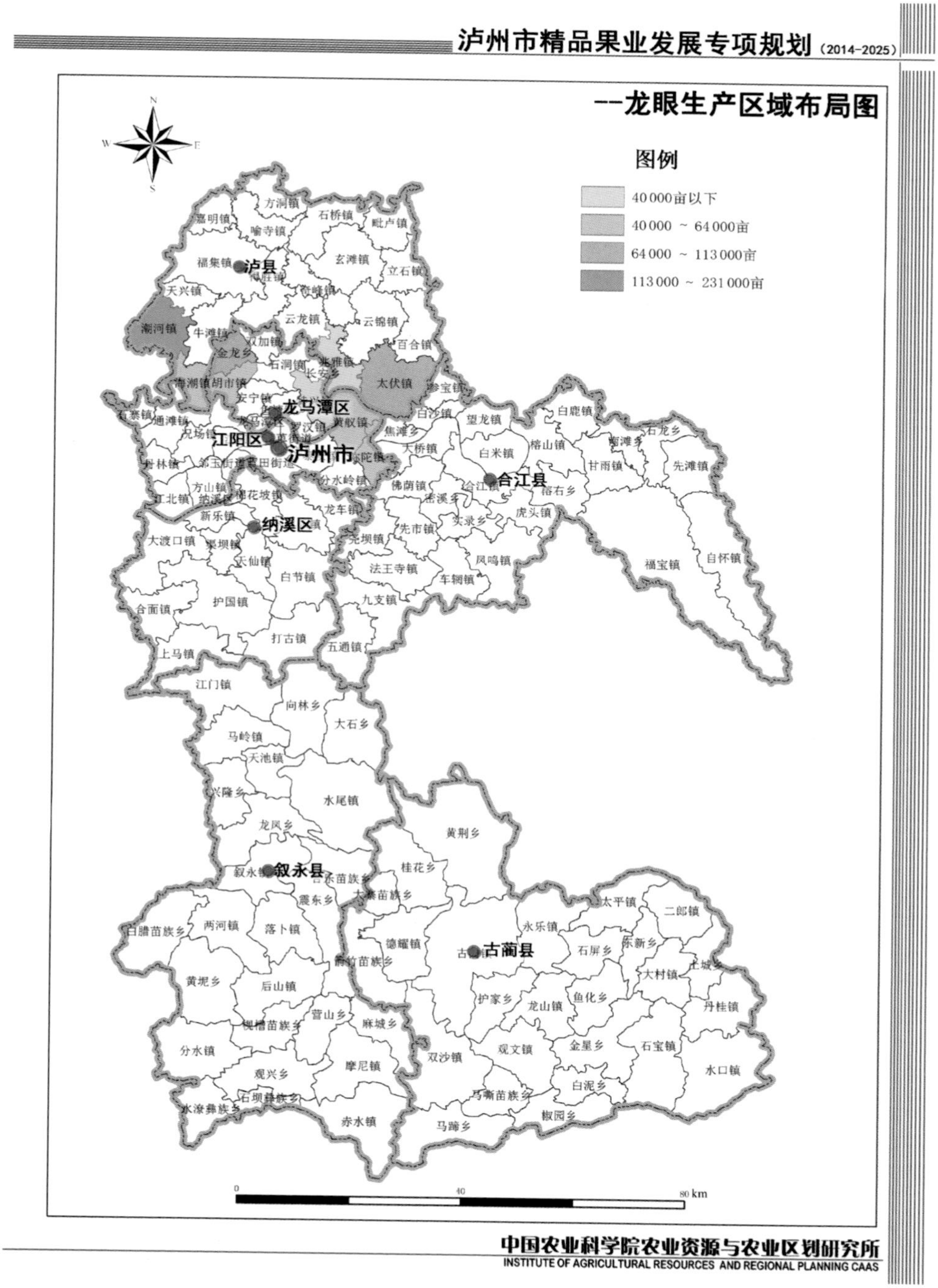

附图4-4　精品果业－龙眼生产区域布局图

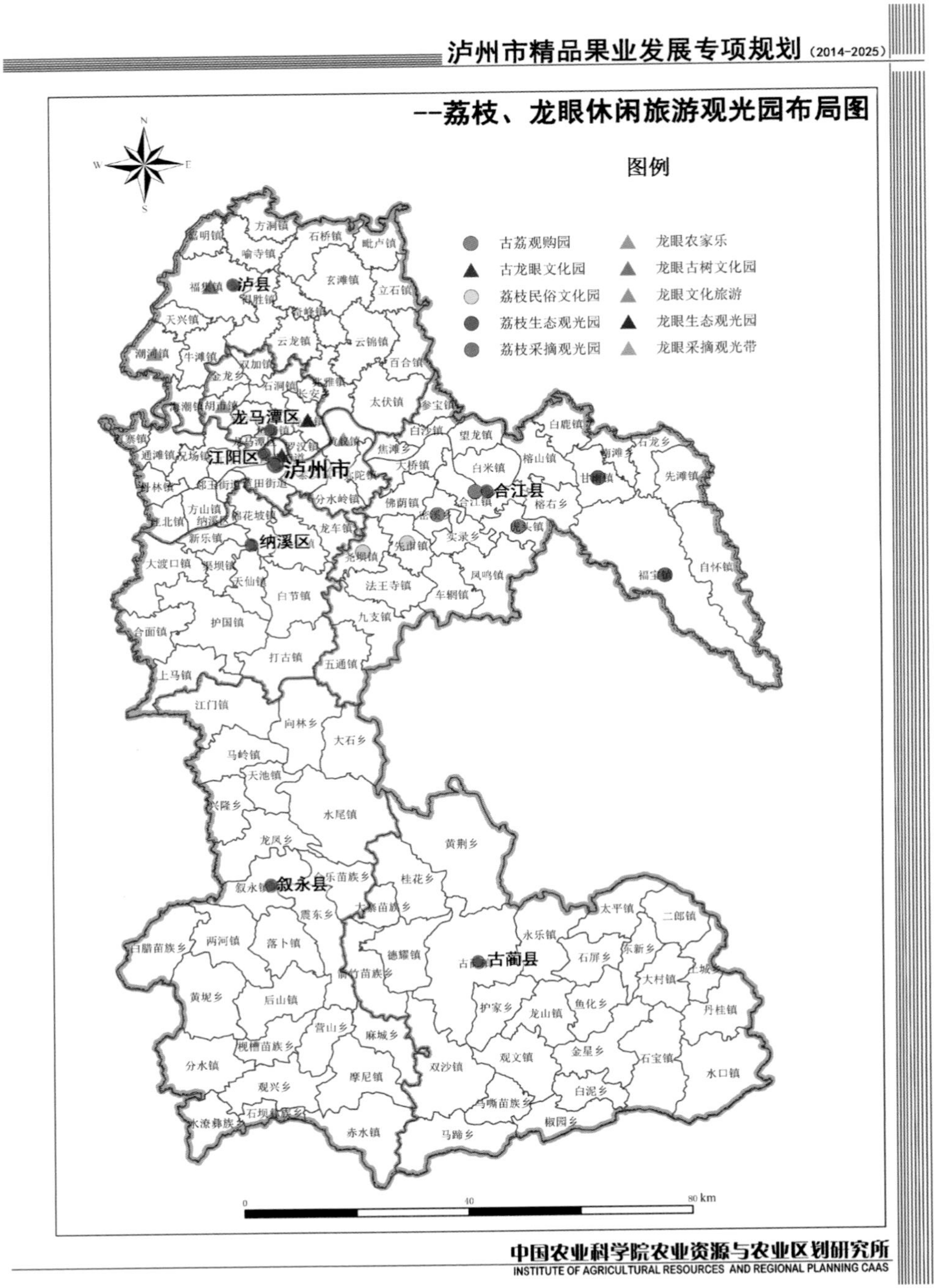

附图 4-5　精品果业 – 荔枝、龙眼休闲旅游观光园布局图

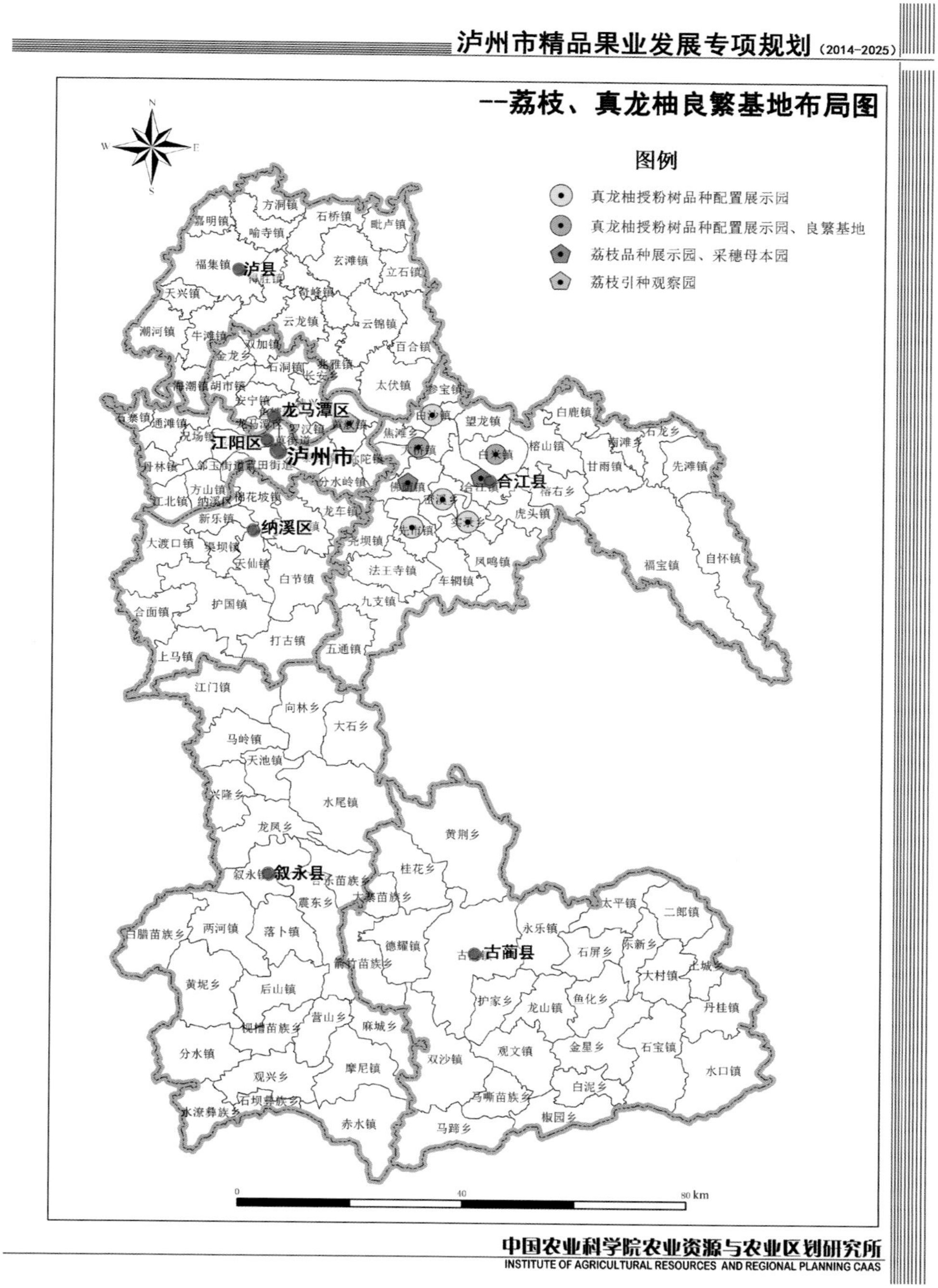

附图 4–6　精品果业 – 荔枝、真龙柚良繁基地布局图

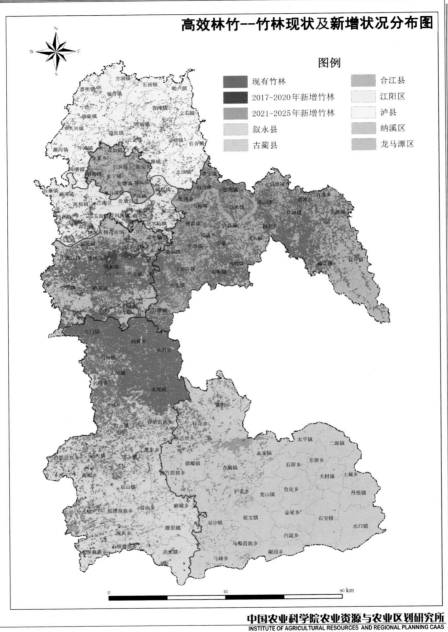

泸州市现代农业发展规划 (2014-2025)

高效林竹--竹林现状及新增状况分布图

图例

- 现有竹林
- 2017-2020年新增竹林
- 2021-2025年新增竹林
- 叙永县
- 古蔺县
- 合江县
- 江阳区
- 泸县
- 纳溪区
- 龙马潭区

中国农业科学院农业资源与农业区划研究所
INSTITUTE OF AGRICULTURAL RESOURCES AND REGIONAL PLANNING CAAS

附图 5-1 林竹区域布局图

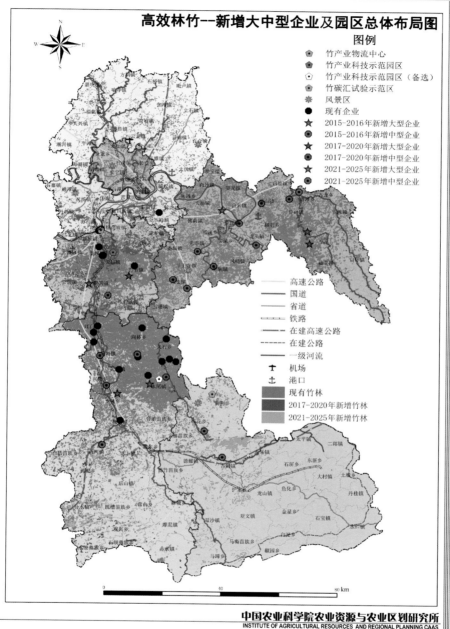

附图 5-2　竹企业及园区布局图

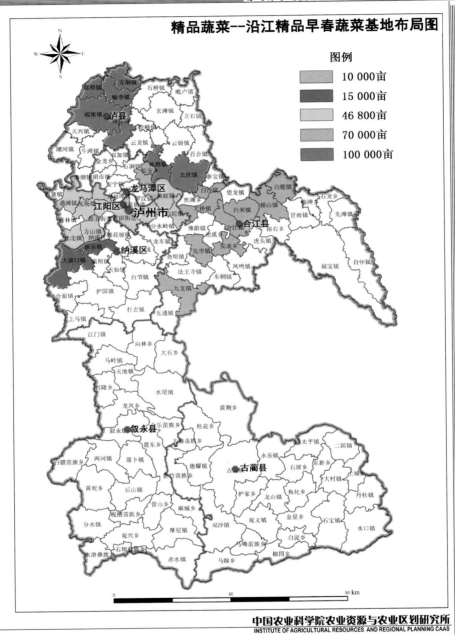

附图 6-1　沿江精品早春蔬菜基地

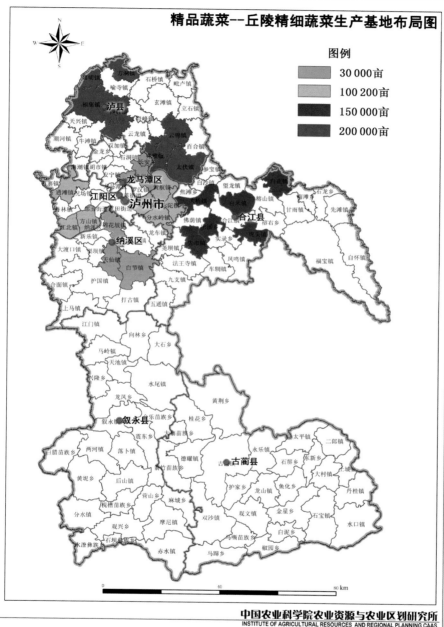

精品蔬菜--丘陵精细蔬菜生产基地布局图

图例

30 000亩

100 200亩

150 000亩

200 000亩

中国农业科学院农业资源与农业区划研究所
INSTITUTE OF AGRICULTURAL RESOURCES AND REGIONAL PLANNING CAAS

附图 6-1　沿江精品早春蔬菜基地

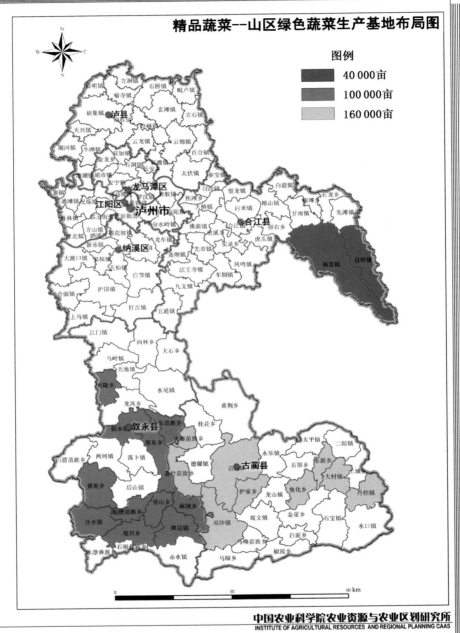

附图6-3 山区绿色蔬菜生产基地

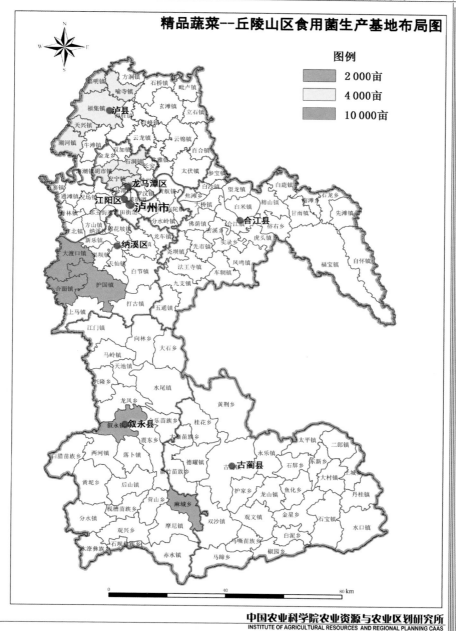

附图6-6　丘陵山区食用菌生产基地

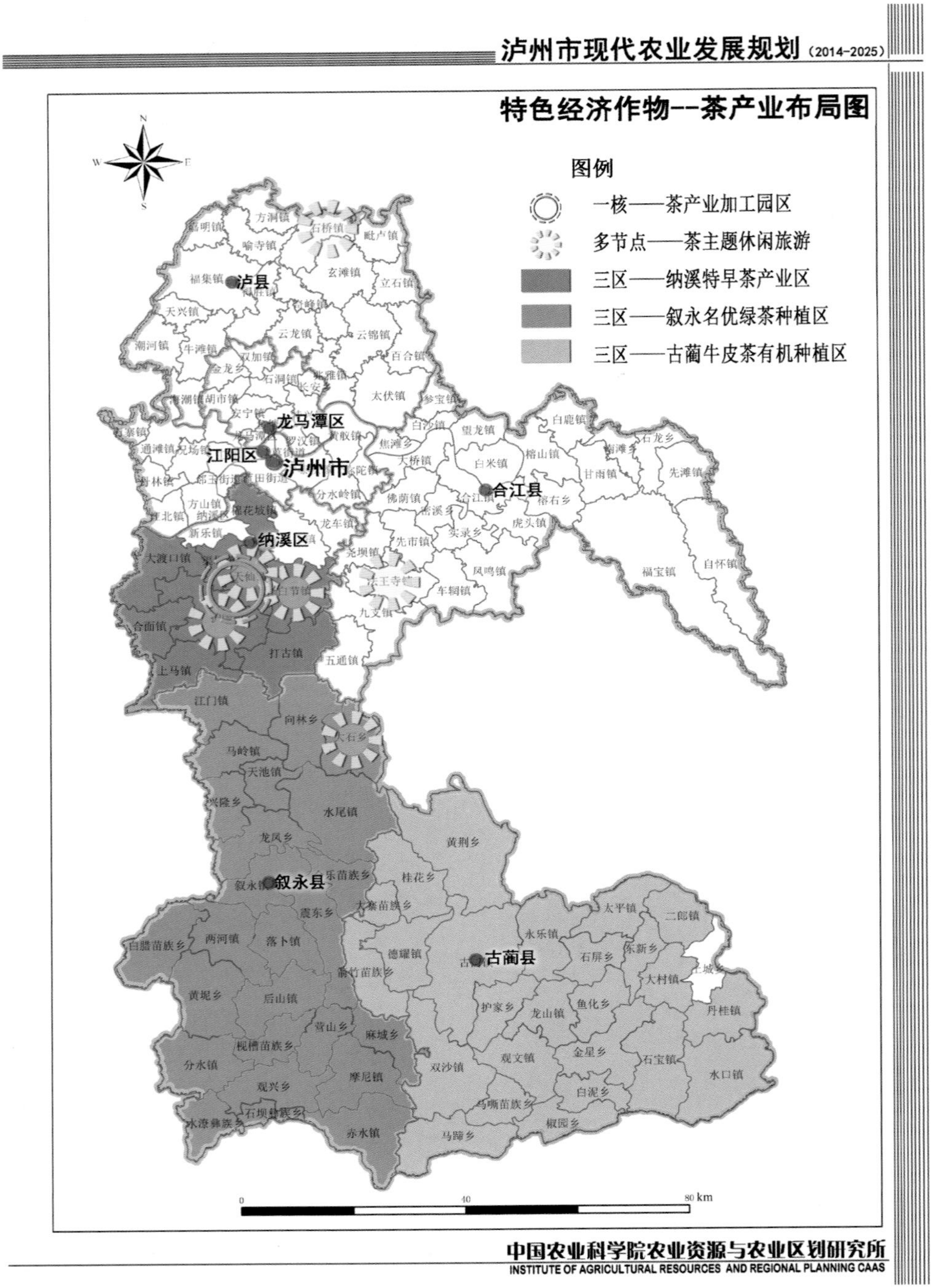
泸州市现代农业发展规划（2014-2025）
特色经济作物--茶产业布局图
图例
一核——茶产业加工园区
多节点——茶主题休闲旅游
三区——纳溪特早茶产业区
三区——叙永名优绿茶种植区
三区——古蔺牛皮茶有机种植区
泸县
龙马潭区
江阳区
泸州市
合江县
纳溪区
叙永县
古蔺县
0
40
80 km
中国农业科学院农业资源与农业区划研究所
INSTITUTE OF AGRICULTURAL RESOURCES AND REGIONAL PLANNING CAAS

附图 7–1　特色经济作物：茶产业布局

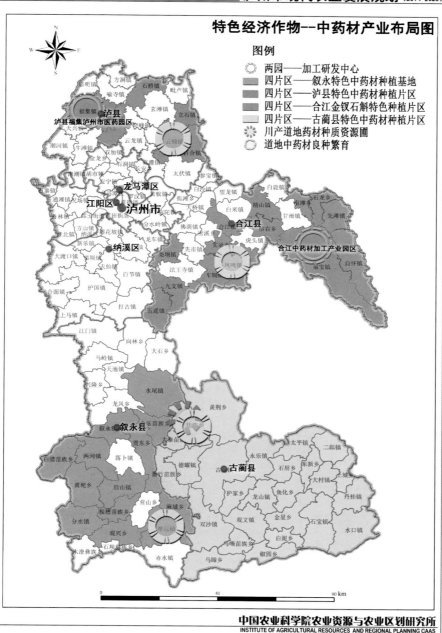

附图 7-2　特色经济作物：中药材 产业布局

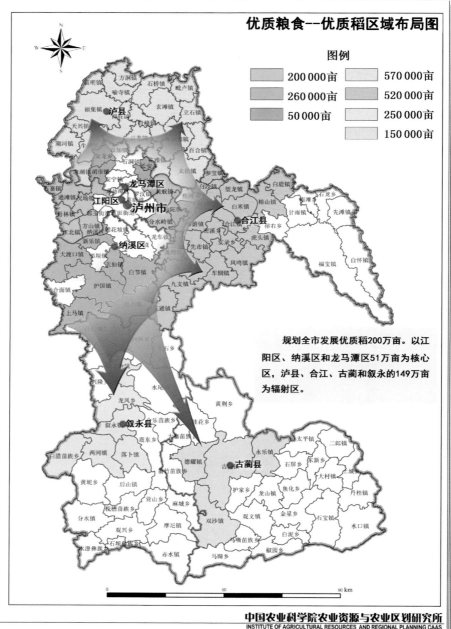

优质粮食--优质稻区域布局图

图例

200 000亩	570 000亩
260 000亩	520 000亩
50 000亩	250 000亩
	150 000亩

规划全市发展优质稻200万亩。以江阳区、纳溪区和龙马潭区51万亩为核心区，泸县、合江、古蔺和叙永的149万亩为辐射区。

中国农业科学院农业资源与农业区划研究所
INSTITUTE OF AGRICULTURAL RESOURCES AND REGIONAL PLANNING CAAS

附图 8-1 优质粮食：优质稻区域布局图

泸州市现代农业发展规划 (2014–2025)

优质粮食--"中稻—再生稻"区域布局图

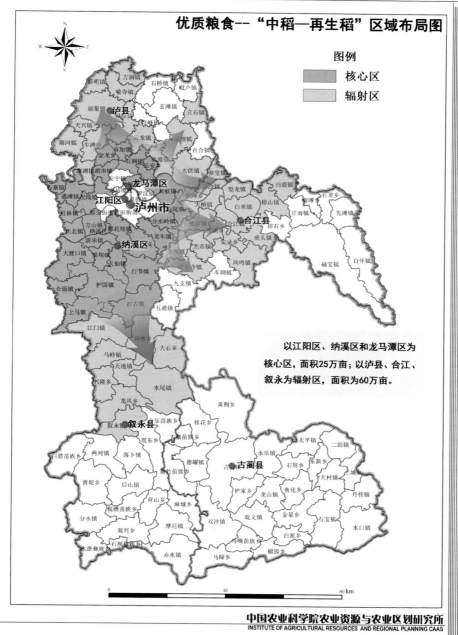

图例

核心区

辐射区

以江阳区、纳溪区和龙马潭区为核心区，面积25万亩；以泸县、合江、叙永为辐射区，面积为60万亩。

0   40   80 km

中国农业科学院农业资源与农业区划研究所
INSTITUTE OF AGRICULTURAL RESOURCES AND REGIONAL PLANNING CAAS

附图 8-2 优质粮食：中稻 – 再生稻区域布局图

泸州市现代农业发展规划 (2014-2025)

优质粮食--高粱区域布局图

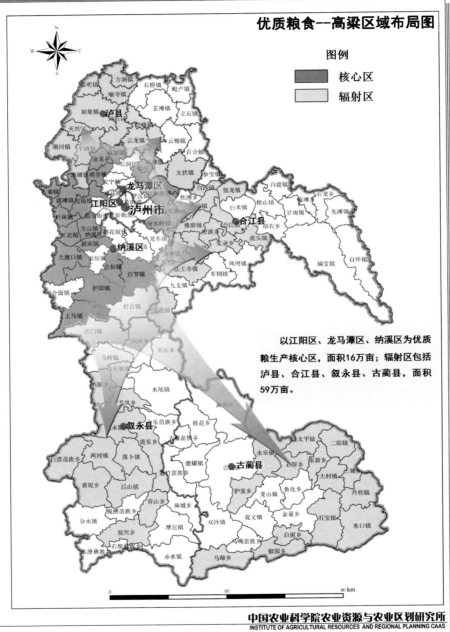

图例

核心区

辐射区

以江阳区、龙马潭区、纳溪区为优质粮生产核心区，面积16万亩；辐射区包括泸县、合江县、叙永县、古蔺县，面积59万亩。

中国农业科学院农业资源与农业区划研究所
INSTITUTE OF AGRICULTURAL RESOURCES AND REGIONAL PLANNING CAAS

附图 8-3 优质粮食：高粱区域布局图

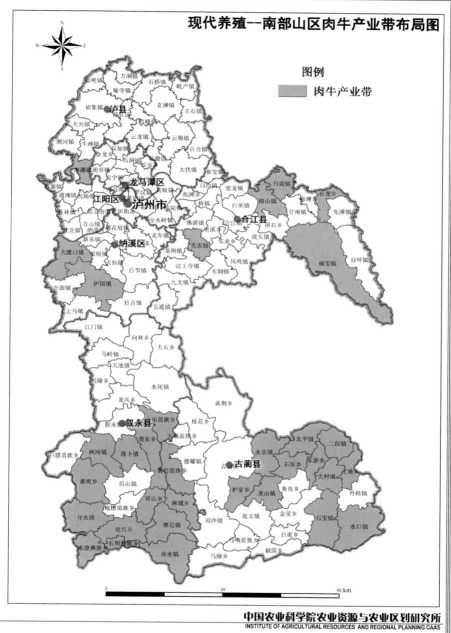

泸州市现代农业发展规划(2014-2025)

现代养殖--南部山区肉牛产业带布局图

图例

肉牛产业带

中国农业科学院农业资源与农业区划研究所
INSTITUTE OF AGRICULTURAL RESOURCES AND REGIONAL PLANNING CAAS

附图 9-1　现代养殖业：肉牛区域布局图

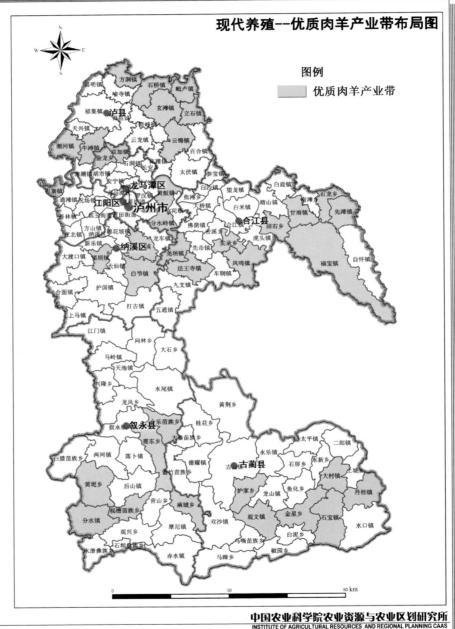

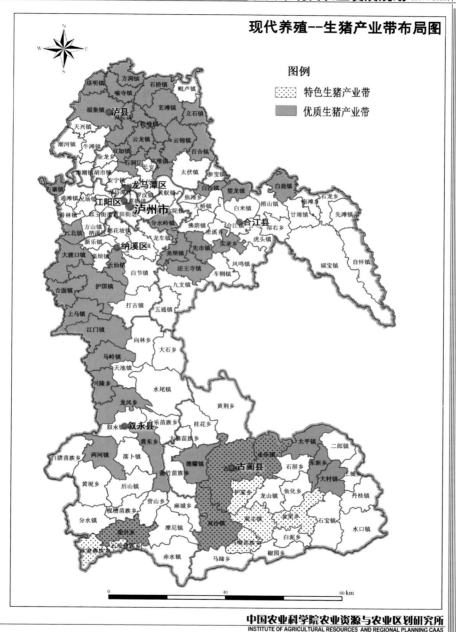

附图 9-3　现代养殖业：生猪区域布局图

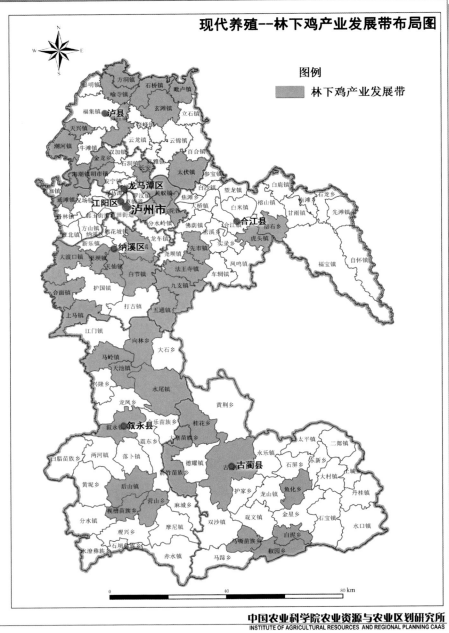

现代养殖--林下鸡产业发展带布局图

图例

林下鸡产业发展带

中国农业科学院农业资源与农业区划研究所
INSTITUTE OF AGRICULTURAL RESOURCES AND REGIONAL PLANNING CAAS

附图 9-4 现代养殖业：林下土鸡区域布局图

附图 9-5　现代养殖业：水产区域布局图（1）

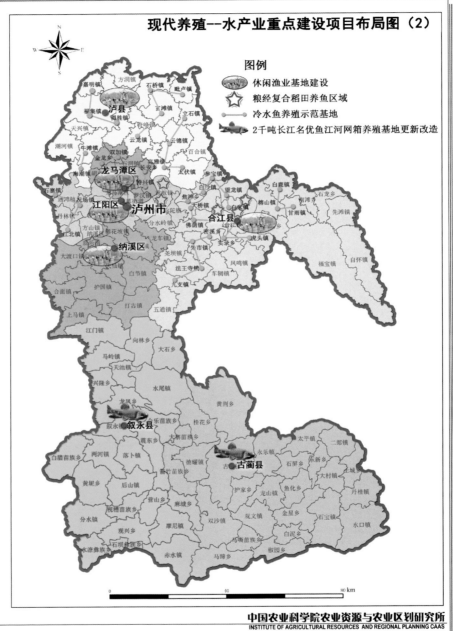

附图 9-6　现代养殖业：水产区域布局图（2）

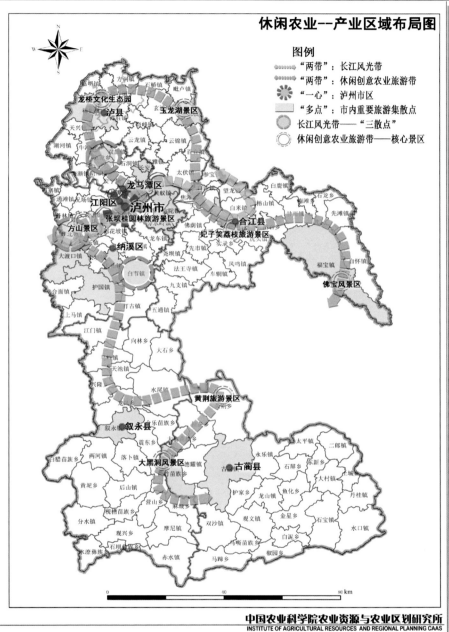

附图 10　休闲农业：产业区域布局图

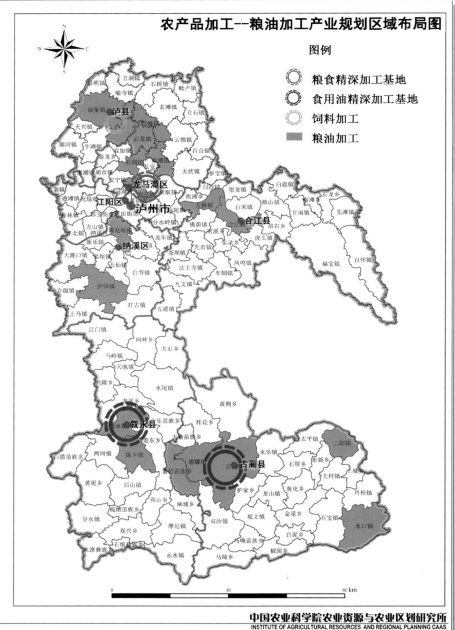

附图 11-1 加工物流园业：粮油加工区域布局图

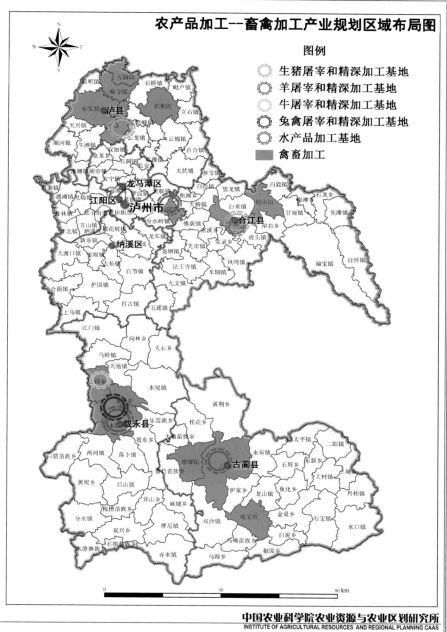

农产品加工--畜禽加工产业规划区域布局图

图例

◎ 生猪屠宰和精深加工基地
◎ 羊屠宰和精深加工基地
◎ 牛屠宰和精深加工基地
◎ 兔禽屠宰和精深加工基地
◎ 水产品加工基地
■ 禽畜加工

附图 11-2　加工物流园业：畜禽加工区域布局图

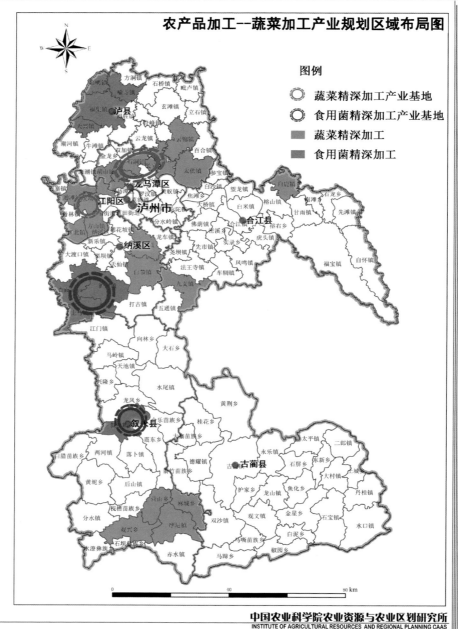

泸州市现代农业发展规划(2014-2025)

农产品加工--蔬菜加工产业规划区域布局图

图例

⊚ 蔬菜精深加工产业基地

⊚ 食用菌精深加工产业基地

▨ 蔬菜精深加工

■ 食用菌精深加工

中国农业科学院农业资源与农业区划研究所
INSTITUTE OF AGRICULTURAL RESOURCES AND REGIONAL PLANNING CAAS

附图 11-3 加工物流园业：蔬菜加工区域布局图

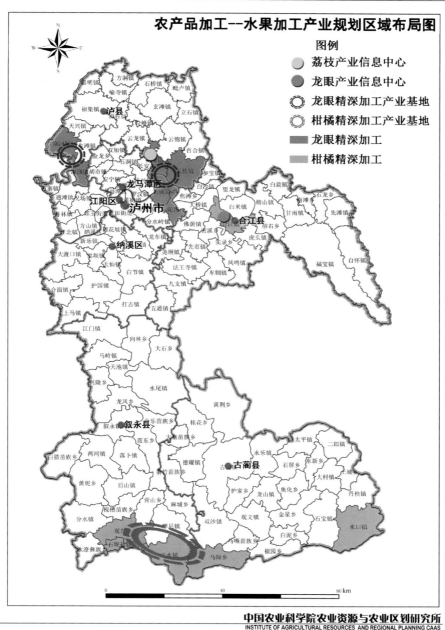

农产品加工--水果加工产业规划区域布局图

中国农业科学院农业资源与农业区划研究所
INSTITUTE OF AGRICULTURAL RESOURCES AND REGIONAL PLANNING CAAS

附图 11-4 加工物流园业:水果加工区域布局图

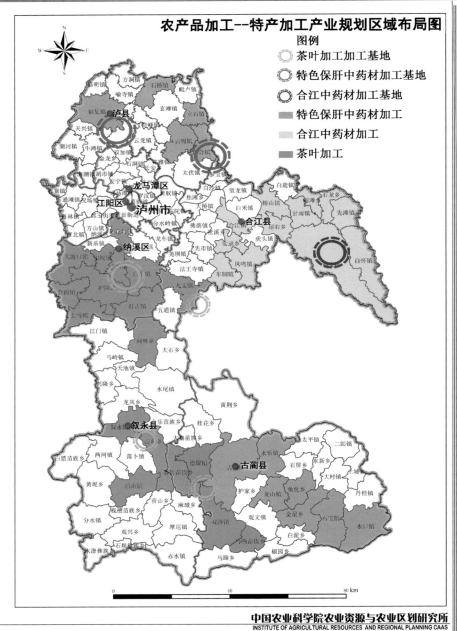

附图 11-5 加工物流园业：特产加工区域布局图

泸州市现代农业发展规划(2014-2025)

农产品加工--农产品物流业产业规划区域布局图

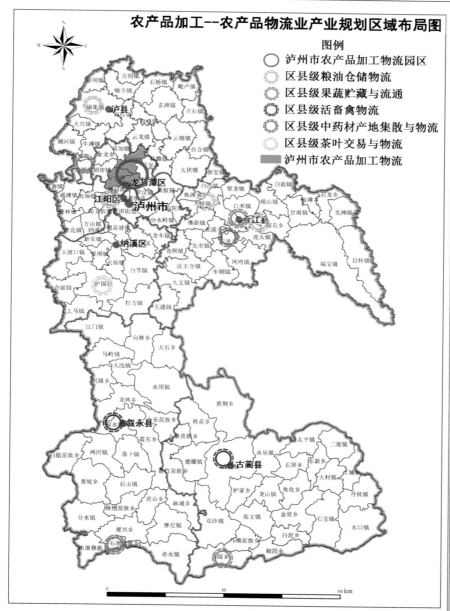

附图 11-6 加工物流园业：农产品物流区域布局图